建筑工程计量与计价实训教程

阎俊爱　荆树伟　张素姣　主编

化学工业出版社
·北京·

内容提要

本书共5章，以一个完整的二层框架结构快算公司培训楼工程为例，每章均以某一层的全部工程量为大任务，进行工程量手工计算讲解。首先对图纸进行分析，再对其任务进行分解，帮助读者明确每一层应该算什么；其次通过计算规则总结，帮助读者明白这些工程量如何计算；最后帮助读者根据相应的规则计算该章的相关工程量。书中还有温馨提示，方便读者学习。

本书既可以作为高等院校工程管理、工程造价、房地产开发与管理、审计学、公共事业管理、资产评估等专业的实训教材，同时也可以作为建设工程的建设单位、施工单位及设计监理单位工程造价人员的参考资料。

图书在版编目（CIP）数据

建筑工程计量与计价实训教程/阎俊爱，荆树伟，张素姣主编．—北京：化学工业出版社，2020.9（2023.7重印）

ISBN 978-7-122-37255-0

Ⅰ．①建…　Ⅱ．①阎…②荆…③张…　Ⅲ．①建筑工程-计量-高等学校-教材②建筑造价-高等学校-教材
Ⅳ．①TU723.32

中国版本图书馆CIP数据核字（2020）第103303号

责任编辑：吕佳丽　　装帧设计：王晓宇
责任校对：王素芹

出版发行：化学工业出版社（北京市东城区青年湖南街13号　邮政编码100011）
印　　装：北京捷迅佳彩印刷有限公司
787mm×1092mm　1/16　印张6¼　字数154千字　2023年7月北京第1版第3次印刷

购书咨询：010-64518888　　售后服务：010-64518899
网　　址：http://www.cip.com.cn
凡购买本书，如有缺损质量问题，本社销售中心负责调换。

定　　价：29.80元

编写人员名单

主　编　阎俊爱　荆树伟　张素姣

副主编　王建秀　张静晓　郭丽霞　沈会兰

参　编　杨艳茹　姚　辉　王佳宁　李天骄　沈会兰　温　浩

前言

《建筑工程计量与计价实训教程》重点介绍手工算量。本书基于作者多年的教学实践经验，为了满足社会对工程造价人才的需求，注重教材的应用性和学生实践动手能力的培养。

本书以一个完整的二层框架结构快算公司培训楼工程为主线，贯穿于全书，以任务为驱动，以培养学生手工算量的实际操作技能为核心，以任务分解、计算规则总结、图纸分析、手工算量和温馨提示为特色，采用全国最新的国家标准《房屋建筑和装饰工程工程量清单计算规范》（GB 50854—2013）和某地区建筑工程与装饰工程预算定额，详细系统地介绍了该套图纸各种构件的清单工程量和与之对应的定额工程量计算规则。以《房屋建筑和装饰工程工程量清单计算规范》（GB 50854—2013）中的工程量清单计算规则为主，以定额工程量分类介绍为辅，克服了以往教材主要介绍定额工程量计算规则而导致教材通用性差的弊病。

本实训教程共5章内容，每章均以某一层的全部工程量为大任务，与《计算机辅助工程造价》基本一致。每章首先对图纸进行分析，然后对其任务进行分解，使读者知道每一层应该算什么；其次通过计算规则总结，使读者明白这些工程量如何计算；然后让读者自己练习计算。书中还有温馨提示，帮助读者理解重要内容。通过每章这几步的学习和练习，不仅使学生巩固了手工算量的思路和流程，还掌握了建筑工程清单工程量的计算规则，同时通过亲自动手计算练习，还提高了手工算量的技能。

本教材由阎俊爱、荆树伟、张素姣担任主编，张向荣担任主审。书中的所有计算由姚辉、杨艳茹完成。图纸由从事多年工程造价工作，具有丰富工程造价实践经验的张向荣设计。本书的完成得到了北京睿格致科技有限公司和北京快算达公司的大力支持和帮助，在此对他们表示衷心的感谢！

本书资源下载地址为：www.cipedu.com.cn，读者可以注册，输入书名，查询范围选“课件”进行免费下载。

由于编者水平有限，书中难免有不妥之处，敬请读者批评指正。

编者

2020年4月

目 录

第1章 首层工程量手工计算

能力目标

掌握首层构件清单工程量和其对应的计价工程量计算规则，并根据这些规则手工计算案例工程各构件的清单工程量和对应的计价工程量。

现在开始计算快算公司培训楼的土建工程量，从建筑设计说明中的工程概况可知：二层框架结构，建筑面积190.14m^2，檐高7.6m。按照手工习惯，应该从基础层开始算起，本书为了配合软件对量，从首层开始算起。其实对于每一层来讲，手工计算也没有严格的顺序，只要不漏项，不算错，从哪里开始计算都没有关系。但是对于初学者来讲，为了不漏项、不重项，对于每一层各种构件的工程量计算最好还是根据理论部分中讲解的分块、分构件来列项计算。下面根据图纸，按照首层六大块分类来计算各个构件的工程量。

1.1 围护结构工程量计算

1.1.1 柱的工程量计算

1.1.1.1 布置任务

（1）根据图纸对首层柱进行列项，要求细化到工程量级别，即列出的分项能在清单中找出相应的编码，比如柱要列出柱的混凝土清单项以及其模板清单项等。

（2）总结不同种类柱的各种清单、定额工程量计算规则。

（3）计算首层所有柱的清单、定额工程量。

1.1.1.2 内容讲解

（1）现浇混凝土柱的清单工程量及与之对应的定额工程量计算规则

① 现浇混凝土柱的清单工程量计算规则。

按图示断面尺寸乘以柱高以体积计算，根据图纸，该案例工程为框架结构，其柱高应自柱基上表面（或楼板上表面）至上一层楼板上表面之间的高度计算。

② 与现浇混凝土柱清单对应的定额工程计算规则。

现浇混凝土柱清单包括的工作内容：混凝土制作、运输、浇筑、振捣、养护。对应的定额只包括现浇混凝土柱一个定额分项。其定额工程量计算规则与清单规则相同。

(2) 现浇混凝土柱模板的清单工程量及与之对应的定额工程量计算规则

① 现浇混凝土柱模板的清单工程量计算规则。

按模板与混凝土构件的接触面积计算，即柱子的周长乘以柱高。

温馨提示：柱、梁、墙、板相互连接的重叠部分，均不计算模板面积。

② 与现浇混凝土柱模板清单对应的定额工程量计算规则。

现浇混凝土柱模板清单包括的工作内容：模板制作；模板安装、拆除、整理堆放及场内外运输；清理模板黏结物及模内杂物、刷隔离剂等。对应的定额只包括现浇混凝土柱模板一个定额分项。其定额工程量计算规则与清单规则相同。所不同的是当柱高超过3.3m时除了按全高计算基本层的模板工程量外，还需要计算超过3.3m部分的面积，另套增加层定额。

温馨提示：模板的组价有两种做法：一种是在混凝土清单中组价，一种是在措施项目中单列。为了使用方便，本案例工程用的是第二种，模板的清单项单列，其综合单价单独组价，不在混凝土中进行组价。

1.1.1.3 完成任务

首层框架柱的工程量计算见表1-1。

表1-1 首层框架柱工程量计算表（参考结施-03）

<table>
<tr><th>构件名称</th><th>算量类别</th><th>项目编码</th><th>项目名称</th><th>项目特征</th><th>计算公式</th><th>工程量</th><th>单位</th></tr>
<tr><td rowspan="5">KZ1-500×500</td><td>清单</td><td>010502001</td><td>矩形柱</td><td>C30预拌混凝土</td><td>柱截面面积×柱高×数量</td><td>3.6</td><td>m^3</td></tr>
<tr><td>定额</td><td>定额子目1</td><td>矩形柱体积</td><td>C30预拌混凝土</td><td>同上①</td><td>3.6</td><td>m^3</td></tr>
<tr><td>清单</td><td>011702002</td><td>矩形柱</td><td>普通模板</td><td>柱周长×柱高×数量</td><td>28.8</td><td>m^2</td></tr>
<tr><td rowspan="2">定额</td><td>定额子目1</td><td>框架柱模板面积</td><td>普通模板</td><td>同上</td><td>28.8</td><td>m^2</td></tr>
<tr><td>定额子目2</td><td>框架柱超高模板面积</td><td>普通模板</td><td>柱周长×超高高度×数量</td><td>5.6</td><td>m^2</td></tr>
</table>

① 本书“同上”指此处与对应清单所列的计算公式相同。

续表

构件名称	算量类别	项目编码	项目名称	项目特征	计算公式	工程量	单位
KZ2-400×500	清单	010502001	矩形柱	C30 预拌混凝土	柱截面面积×柱高×数量	2.88	m^3
	定额	定额子目 1	矩形柱体积	C30 预拌混凝土	同上	2.88	m^3
	清单	011702002	矩形柱	普通模板	柱周长×柱高×数量	25.92	m^2
	定额	定额子目 1	框架柱模板面积	普通模板	同上	25.92	m^2
		定额子目 2	框架柱超高模板面积	普通模板	柱周长×超高高度×数量	5.04	m^2
KZ3-400×400	清单	010502001	矩形柱	C30 预拌混凝土	柱截面面积×柱高×数量	1.152	m^3
	定额	定额子目 1	矩形柱体积	C30 预拌混凝土	同上	1.152	m^3
	清单	011702002	矩形柱	普通模板	柱周长×柱高×数量	11.52	m^2
	定额	子目定额子目	框架柱模板面积	普通模板	同上	11.52	m^2
		定额子目 2	框架柱超高模板面积	普通模板	柱周长×超高高度×数量	2.24	m^2

续表

构件名称	算量类别	项目编码	项目名称	项目特征	计算公式	工程量	单位
TZ1-300×200	清单	010502001	矩形柱	C20 预拌混凝土	柱截面面积×柱高×数量	0.216	m³
	定额	定额子目 1	矩形柱体积	C20 预拌混凝土	同上	0.216	m³
	清单	011702002	矩形柱	普通模板	柱周长×柱高×数量	3.6	m²
	定额	定额子目 1	模板面积	普通模板	同上	3.6	m²

1.1.2 框架梁的工程量计算

1.1.2.1 布置任务

（1）根据图纸对首层框架梁进行列项。要求细化到工程量级别，即列出的分项能在清单中找出相应的编码，比如梁要列出梁的混凝土清单项及其模板清单项等。

（2）总结不同种类梁的各种清单、定额工程量计算规则。

（3）计算首层所有梁的清单、定额工程量。

1.1.2.2 内容讲解

（1）现浇混凝土梁的清单工程量及与之对应的定额工程量计算规则

① 现浇混凝土梁的清单工程量计算规则。

按设计图示尺寸以体积计算。不扣除构件内钢筋、预埋铁件所占体积，伸入墙内的梁头、梁垫并入梁体积内。即：梁体积＝梁的截面面积×梁长。

温馨提示：a. 梁与柱连接时，梁长算至柱侧面；b. 主梁与次梁连接时，次梁长算至主梁侧面；c. 梁的高度算到板顶。

② 与现浇混凝土梁清单对应的定额工程计算规则。

现浇混凝土梁清单包括的工作内容与现浇混凝土柱完全相同。因此，对应的定额只包括现浇混凝土梁一个定额分项。其定额工程量计算规则与清单规则相同。

（2）现浇混凝土梁模板的清单工程量及与之对应的定额工程量计算规则

① 现浇混凝土梁模板的清单工程量计算规则。

按模板与混凝土构件的接触面积计算，即柱子的周长乘以柱高。

② 与现浇混凝土梁模板清单对应的定额工程量计算规则。

现浇混凝土梁模板清单包括的工作内容与现浇混凝土柱完全相同。因此，对应的定额只包括现浇混凝土梁模板一个定额分项。其定额工程量计算规则与清单规则相同。所不同的就是当梁高超过 3.3m 时除了按全高计算基本层的模板工程量外，还需要计算超过 3.3m 部分的面积，另套增加层定额。

1.1.2.3　完成任务

首层框架梁的工程量计算见表1-2。

表1-2　首层框架梁工程量计算表（参考结施-04）

构件名称	算量类别	项目编码	项目名称	项目特征	计算公式	工程量	单位
KL1-370×500	清单	10503002	矩形梁	C25预拌混凝土	梁截面面积×梁净长	2.146	m^3
	定额	定额子目1	框架梁体积	C25预拌混凝土	同上	2.146	m^3
	清单	11702006	矩形梁	普通模板	梁净长×(梁截面宽＋梁截面高×2)－板模板面积－矩形梁L1模板面积	14.963	m^2
	定额	定额子目1	框架梁模板面积	普通模板	同上	14.963	m^2
		定额子目2	框架梁超高模板面积	框架梁超高模板面积	梁净长×(梁截面宽＋梁截面高×2)－板模板面积	8.351	m^2
KL2-370×500	清单	10503002	矩形梁	C25预拌混凝土	梁截面面积×梁净长×数量	2.146	m^3
	定额	定额子目1	框架梁体积	C25预拌混凝土	同上	2.146	m^3
	清单	11702006	矩形梁	框架梁模板面积	[梁净长×(梁截面宽＋梁截面高×2)－板模板面积]×数量	14.5	m^2
	定额	定额子目1	框架梁模板面积	框架梁模板面积	同上	14.5	m^2
		定额子目2	框架梁超高模板面积	框架梁超高模板面积	梁净长×(两侧超高高度－板厚)×数量	7.888	m^2

续表

构件名称	算量类别	项目编码	项目名称	项目特征	计算公式	工程量	单位
KL3-370×500	清单	10503002	矩形梁	C25 预拌混凝土	梁截面面积×梁净长	2.146	m^3
	定额	定额子目 1	框架梁体积	C25 预拌混凝土	同上	2.146	m^3
	清单	11702006	矩形梁	普通模板	梁净长×(梁截面宽+梁截面高×2)−板模板面积	13.91	m^2
	定额	定额子目 1	框架梁模板面积	普通模板	同上	13.91	m^2
	定额	定额子目 2	框架梁超高模板面积	普通模板	梁净长×(两侧超高高度−板厚)−阳台板模板面积	7.298	m^2
KL4-240×500	清单	10503002	矩形梁	C25 预拌混凝土	梁截面面积×梁净长×数量	1.296	m^3
	定额	定额子目 1	框架梁体积	C25 预拌混凝土	同上	1.296	m^3
	清单	11702006	矩形梁	框架梁模板面积	② 轴模板 [梁净长×(梁截面宽+梁截面高×2)−梁板相交面积]	5.439	m^2
					④ 轴模板 [梁净长×(梁截面宽+梁截面高×2)−梁板相交面积]	5.634	

续表

构件名称	算量类别	项目编码	项目名称	项目特征	计算公式	工程量	单位
KL4-240×500	定额	定额子目1	框架梁模板面积	普通模板	同清单梁汇总	11.073	m^2
		定额子目2	框架梁超高模板面积	普通模板	②轴超高模板［梁净长×(两侧超高高度－板厚)－板超高模板面积］	3.063	m^2
					④轴超高模板［梁净长×(两侧超高高度－板厚)－板超高模板面积］	3.258	m^2
KL5-240×500	清单	10503002	矩形梁	C25预拌混凝土	梁截面面积×梁净长	0.708	m^3
	定额	定额子目1	框架梁体积	C25预拌混凝土	同上	0.708	m^3
	清单	11702006	矩形梁	框架梁模板面积	梁净长×(梁截面宽＋梁截面高×2)－梁板相交面积	6.363	m^2
	定额	定额子目1	框架梁模板面积	普通模板	同上	6.363	m^2
		定额子目2	框架梁超高模板面积	普通模板	梁净长×(两侧超高高度－板厚)－板超高模板面积	3.767	m^2

续表

构件名称	算量类别	项目编码	项目名称	项目特征	计算公式	工程量	单位
L1-240×400	清单	10503002	矩形梁	C25 预拌混凝土	梁截面面积×梁净长	0.2074	m^3
	定额	定额子目 1	框架梁体积	C25 预拌混凝土	同上	0.2074	m^3
	清单	11702006	矩形梁	普通模板	梁净长×(梁截面宽+梁截面高×2)－梁板相交面积	1.8144	m^2
	定额	定额子目 1	非框架梁模板面积	普通模板	同上	1.8144	m^2
		定额子目 2	非框架梁超高模板面积	普通模板	同上	1.8144	m^2

1.1.3 门的工程量计算

1.1.3.1 布置任务

(1) 根据图纸对首层门进行列项。要求细化到工程量级别，即列出的分项能在清单中找出相应的编码，比如门要列出不同材质的门制安、油漆及门锁等。

(2) 总结不同种类门的各种清单、定额工程量计算规则。

(3) 计算首层所有门的清单、定额工程量。

1.1.3.2 内容讲解

(1) 门的清单工程量计算规则。

由建施-01 可知，首层门包括木质门和铝合金门两种。二者的清单工程量计算规则都是按照洞口尺寸以面积计算。

(2) 与门清单对应的定额工程量计算规则。

清单规范中门的工作内容包括门安装、玻璃安装、五金安装，对应的定额只有一项门定额分项，其定额工程量计算规则与清单工程量规则相同。

其清单工程量按设计图示洞口尺寸以面积计算。

1.1.3.3 完成任务

首层门的工程量计算见表 1-3。

表 1-3 首层门工程量计算表（参考建筑设计总说明和建施-01）

构件名称	算量类别	项目编码	项目名称	项目特征	计算公式	工程量	单位
M3921	清单	010802001	金属（塑钢）门	3900mm×2100mm 铝合金 90 系列 双扇推拉门	门宽×门高	8.19	m^2
	定额	定额子目 1	铝合金 90 系列 双扇推拉门	双扇推拉门	同上	8.19	m^2
M0924	清单	010801001	木质门	900mm×2400mm 装饰门	门宽×门高×数量	4.32	m^2
	定额	定额子目 1	装饰木门	900mm×2400mm 装饰门	同上	4.32	m^2
M0921	清单	010801001	木质门	900mm×2100mm 装饰门	门宽×门高×数量	3.78	m^2
	定额	定额子目 1	装饰木门	900mm×2100mm 装饰门	同上	3.78	m^2

1.1.4 窗的工程量计算

1.1.4.1 布置任务

（1）根据图纸对首层窗进行列项。要求细化到工程量级别，即列出的分项能在清单中找出相应的编码，比如窗要列出不同材质的窗安装等。

（2）总结不同种类窗的各种清单、定额工程量计算规则。

（3）计算首层所有窗的清单、定额工程量。

1.1.4.2 内容讲解

（1）窗的清单工程量计算规则。

由建施-01 可知，首层窗均为塑钢窗。其清单工程量按设计图示洞口尺寸以面积计算。

（2）与窗清单对应的定额工程量计算规则。

塑钢窗的工作内容包括：窗安装；五金、玻璃安装。只对应窗一个定额分项，其定额工程量计算规则同清单工程量。

1.1.4.3 完成任务

首层窗的工程量计算见表 1-4。

表 1-4 首层窗工程量计算表（参考建筑设计总说明和建施-01）

构件名称	算量类别	项目编码	项目名称	项目特征	计算公式	工程量	单位
C-1	清单	010807001	金属（塑钢、断桥）窗	1500mm×1800mm塑钢平开窗	窗宽×窗高×数量	10.8	m^2
	定额	定额子目1	塑钢平开窗		同上	10.8	m^2
	清单	010809004	石材窗台板	大理石窗台板	窗宽×窗台板宽度×数量	1.08	m^2
	定额	定额子目1	大理石窗台板		同上	1.08	m^2
C-2	清单	010807001	金属（塑钢、断桥）窗	1800mm×1800mm塑钢平开	窗宽×窗高	3.24	m^2
	定额	定额子目1	塑钢平开窗		同上	3.24	m^2
C-3	清单	010807001	金属（塑钢、断桥）窗	700mm×1400mm塑钢推拉窗	窗宽×窗高	0.98	m^2
	定额	定额子目1	塑钢平开窗		同上	0.98	m^2

1.1.5 构造柱的工程量计算

1.1.5.1 布置任务

（1）根据图纸对首层构造柱进行列项。要求细化到工程量级别，即列出的分项能在清单中找出相应的编码，比如构造柱要列出构造柱的混凝土清单项及其模板清单项等。

（2）总结不同种类构造柱的各种清单、定额工程量计算规则。

（3）计算首层所有构造柱的清单、定额工程量。

1.1.5.2　内容讲解

(1) 现浇混凝土构造柱的清单工程量及与之对应的定额工程量计算规则

① 现浇混凝土构造柱的清单工程量计算规则。

按图示断面尺寸乘以构造柱高以体积计算。嵌入墙内的马牙槎部分并入构造柱体积。

② 与现浇混凝土构造柱清单对应的定额工程计算规则。

现浇混凝土构造柱的工作内容包括混凝土制作、运输、浇筑、振捣、养护。对应的定额只包括现浇混凝土构造柱一个定额分项。其定额工程量计算规则与清单规则相同。

(2) 现浇混凝土构造柱模板的清单工程量及与之对应的定额工程量计算规则

① 现浇混凝土构造柱模板的清单工程量计算规则。

按图示外露部分计算模板面积。

② 与现浇混凝土构造柱模板清单对应的定额工程量计算规则。

现浇混凝土构造柱模板清单的工作内容与其他混凝土的模板相同。对应的定额只包括现浇混凝土构造柱模板一个定额分项。其定额工程量计算规则与清单规则相同。

1.1.5.3　完成任务

首层现浇混凝土构造柱的工程量计算见表 1-5。

表 1-5　首层现浇混凝土构造柱工程量计算表（参考结施-02）

构件名称	算量类别	项目编码	项目名称	项目特征	计算公式	工程量	单位
GZ1-370×370	清单	010502002	构造柱	C20 预拌混凝土	(构造柱截面面积×构造柱净高＋马牙槎)×数量	0.9864	m^3
	定额	定额子目 1	构造柱体积	C20 预拌混凝土	同上	0.9864	m^3
	清单	011702003	构造柱	普通模板	(构造柱周长×构造柱净高＋马牙槎－砌块墙重合面积)×数量	6.076	m^2
	定额	定额子目 1	构造柱模板面积	普通模板	同上	6.076	m^2
GZ1-240×370	清单	010502002	构造柱	C20 预拌混凝土	构造柱截面面积×构造柱净高＋马牙槎	0.3671	m^3
	定额	定额子目 1	构造柱体积	C20 预拌混凝土	同上	0.3671	m^3

续表

构件名称	算量类别	项目编码	项目名称	项目特征	计算公式	工程量	单位
GZ1-240×370	清单	011702003	构造柱	普通模板	构造柱周长×构造柱净高+马牙槎−砌块墙重合面积	1.872	m^2
	定额	定额子目1	构造柱模板面积	普通模板	同上	1.872	m^2
GZ1-240×240	清单	010502002	构造柱	C20预拌混凝土	构造柱截面面积×构造柱净高+马牙槎	0.24626	m^3
	定额	定额子目1	构造柱体积	C20预拌混凝土	同上	0.24626	m^3
	清单	011702003	构造柱	普通模板	构造柱周长×构造柱净高+马牙槎−砌块墙重合面积−过梁重合面积	1.872	m^2
	定额	定额子目1	构造柱模板面积	普通模板	同上	1.872	m^2
GZ2-370×370	清单	010502002	构造柱	C20预拌混凝土	构造柱截面面积×构造柱净高+马牙槎	0.9398	m^3
	定额	定额子目1	构造柱体积	C20预拌混凝土	同上	0.9398	m^3
	清单	011702003	构造柱	普通模板	构造柱周长×构造柱净高+马牙槎−砌块墙重合面积−过梁重合面积	7.126	m^2
	定额	定额子目1	构造柱模板面积	普通模板	同上	7.126	m^2

1.1.6 过梁的工程量计算

1.1.6.1 布置任务

（1）根据图纸对首层过梁进行列项。要求细化到工程量级别，即列出的分项能在清单中找出相应的编码，比如过梁要列出过梁的混凝土清单项及其模板清单项等。

（2）总结不同种类过梁的各种清单、定额工程量计算规则。

（3）计算首层所有过梁的清单、定额工程量。

1.1.6.2 内容讲解

（1）现浇混凝土过梁的清单工程量及与之对应的定额工程量计算规则

① 现浇混凝土过梁的清单工程量计算规则。

等于过梁的截面面积乘以过梁的长度（门窗洞口宽度两边共加 0.5m）。

② 与现浇混凝土过梁清单对应的定额工程计算规则。

现浇混凝土构造柱过梁的工作内容与其他混凝土相同。对应的定额只包括现浇混凝土过梁一个定额分项。其定额工程量计算规则与清单规则相同。

（2）现浇混凝土过梁模板的清单工程量及与之对应的定额工程量计算规则

① 现浇混凝土过梁模板的清单工程量计算规则。

与一般梁的计算规则相同。

② 与现浇混凝土过梁模板清单对应的定额工程量计算规则。

现浇混凝土过梁模板清单的工作内容与其他混凝土的模板相同。对应的定额只包括现浇混凝土过梁模板一个定额分项。其定额工程量计算规则与清单规则相同。

1.1.6.3 完成任务

首层过梁的工程量计算见表 1-6。

表 1-6 首层过梁工程量计算表（参考总-01、建总-01 和建施-01）

构件名称	算量类别	项目编码	项目名称	项目特征	计算公式	工程量	单位
GL-120（240）	清单	010503005	过梁	1. 混凝土种类：预拌 2. 混凝土强度等级：C20	（M-3）上过梁体积+（M-2）上过梁体积（扣减与框架柱及构造柱部分体积）	0.1428	m^3
	定额	定额子目 1	过梁体积	C20 预拌混凝土	同上	0.1428	m^3
	清单	011702009	过梁	普通模板	（M-3）上过梁+（M-2）上过梁	2.3808	m^2
	定额	定额子目 1	过梁模板面积	普通模板	同上	2.3808	m^2

续表

构件名称	算量类别	项目编码	项目名称	项目特征	计算公式	工程量	单位
GL-180	清单	010503005	过梁	1. 混凝土种类：预拌 2. 混凝土强度等级：C20	过梁截面面积×过梁净长×数量	0.686	m^3
	定额	定额子目1	过梁体积	C20预拌混凝土	同上	0.686	m^3
	清单	011702009	过梁	普通模板	（C-1）上过梁×数量＋（C-2）上过梁	6.954	m^2
	定额	定额子目1	过梁模板面积	普通模板	同上	6.954	m^2
GL-300	清单	010503005	过梁	1. 混凝土种类：预拌 2. 混凝土强度等级：C20	过梁截面面积×过梁净长	0.4329	m^3
	定额	定额子目1	过梁体积	C20预拌混凝土	同上	0.4329	m^3
	清单	011702009	过梁	普通模板	（梁截面周长－梁宽）×梁净长－非框架梁L1所占面积	4.963	m^2
	定额	定额子目1	过梁模板面积	普通模板	同上	4.963	m^2
GL-120（370）	清单	010503005	过梁	1. 混凝土种类：预拌 2. 混凝土强度等级：C20	过梁截面面积×过梁净长	0.0533	m^3
	定额	定额子目1	过梁体积	C20预拌混凝土	同上	0.0533	m^3
	清单	011702009	过梁	普通模板	（梁截面周长－梁宽）×梁净长	0.732	m^2
	定额	定额子目1	过梁模板面积	普通模板	同上	0.732	m^2

1.1.7 砌块墙的工程量计算

1.1.7.1 布置任务

(1) 根据图纸对首层砌块墙进行列项。要求细化到工程量级别，即列出的分项能在清单中找出相应的编码，比如墙要列出砌块墙的清单项等。

(2) 总结不同厚度砌块墙的各种清单、定额工程量计算规则。

(3) 计算首层所有砌块墙的清单、定额工程量。

1.1.7.2 内容讲解

(1) 砌体墙的清单工程量计算规则。

按设计图示尺寸以体积计算，应扣除门窗、洞口、嵌入墙内的钢筋混凝土柱、梁、圈梁及过梁所占的体积。

(2) 与砌体墙清单对应的定额工程量计算规则。

砌体墙清单的工作内容包括：砂浆制作、运输；砌砖；刮缝；砖压顶砌筑；材料运输。对应的定额只包括砌体墙一个定额分项，其定额工程量计算规则与清单工程量计算规则相同。

1.1.7.3 完成任务

首层砌体墙的工程量计算见表1-7。

表1-7 首层砌块墙工程量计算表（参考建施-01）

构件名称	算量类别	项目编码	项目名称	项目特征	计算公式	工程量	单位
外墙370	清单	010401003	实心砖墙（外墙）	1. 砖品种、规格、强度等级：标准砖370 2. 墙体类型：外墙 3. 砂浆强度等级、配合比：水泥砂浆M5.0	墙净长×墙厚×墙净高（层高－框架梁高）－门体积（M－1）－窗体积（C－1、C－2、C－3）－构造柱－过梁	27.43925	m^3
	定额	定额子目1	370页岩砖墙体积	M5水泥砂浆页岩砖	同上	27.43925	m^3
内墙240	清单	010401003	实心砖墙（内墙）	1. 砖品种、规格、强度等级：标准砖240 2. 墙体类型：内墙 3. 砂浆强度等级、配合比：水泥砂浆M5.0	墙净长×墙厚×墙净高（层高－框架梁高）－门体积（M－2、M－3）－构造柱－过梁	11.75068	m^3
	定额	定额子目1	240页岩砖墙体积	M5水泥砂浆页岩砖	同上	11.75068	m^3

1.2 顶部结构工程量计算

由于首层的顶部结构只有板，所以只需要对板进行计算即可。

1.2.1 布置任务

(1) 根据图纸对首层平板进行列项。

(2) 总结不同厚度平板的各种清单、定额工程量计算规则。

(3) 计算首层所有平板的清单、定额工程量。

1.2.2 内容讲解

(1) 现浇混凝土板的清单工程量及与之对应的定额工程量计算规则

① 现浇混凝土板的清单工程量计算规则。

按设计图示尺寸以体积计算，不扣除单个面积≤0.3m^2 的柱、垛以及孔洞所占体积，该图纸应以梁与梁之间的净面积乘以板厚计算，即板的面积算到梁的内边。

② 与现浇混凝土板清单对应的定额工程计算规则。

现浇混凝土板的工作内容与其他混凝土相同。对应的定额只包括现浇混凝土板一个定额分项。其定额工程量计算规则与清单规则相同。

(2) 现浇混凝土板模板的清单工程量及与之对应的定额工程量计算规则

① 现浇混凝土板模板的清单工程量计算规则。

按模板与现浇钢筋混凝土板的接触面积计算，单孔面积≤0.3m^{2}的孔洞不予扣除，洞侧壁模板亦不增加；单孔面积>0.3m^{2}时应予扣除，洞侧壁模板面积并入板工程量内计算。

② 与现浇混凝土板模板清单对应的定额工程量计算规则。

现浇混凝土板模板清单的工作内容与其他混凝土的模板相同。对应的定额只包括现浇混凝土板模板一个定额分项。其定额工程量计算规则与清单规则相同。

1.2.3 完成任务

首层板的工程量计算见表 1-8。

表 1-8 首层板工程量计算表（参考结施-05）

<table>
<tr><th>构件名称</th><th>算量类别</th><th>项目编码</th><th>项目名称</th><th>项目特征</th><th>位置</th><th>计算公式</th><th>工程量</th><th>单位</th><th>软件工程量</th></tr>
<tr><td rowspan="5">LB1-100</td><td rowspan="2">清单</td><td rowspan="2">010202003</td><td rowspan="2">平板</td><td rowspan="2">C25 预拌混凝土</td><td rowspan="5">1-2/A-C、4-5/A-C</td><td>板净面积×板厚×数量</td><td rowspan="2">3.7088</td><td rowspan="2">m^3</td><td rowspan="2">3.7088</td></tr>
<tr><td></td></tr>
<tr><td>定额</td><td>定额子目 1</td><td>板体积</td><td>C25 预拌混凝土</td><td>同上</td><td>3.7088</td><td>m^3</td><td>3.7088</td></tr>
<tr><td rowspan="2">清单</td><td rowspan="2">011702016</td><td rowspan="2">平板</td><td rowspan="2">普通模板</td><td>(板底部净面积－柱突出梁部分面积)×数量</td><td rowspan="2">36.914</td><td rowspan="2">m^3</td><td rowspan="2">39.409</td></tr>
<tr><td></td></tr>
</table>

续表

构件名称	算量类别	项目编码	项目名称	项目特征	位置	计算公式	工程量	单位	软件工程量
LB1-100	定额	定额子目 1	现浇板模板面积	普通模板	1-2/A-C、4-5/A-C	同上	36.914	m^2	39.409
		定额子目 2	现浇板超高模板面积	普通模板		同上	36.914	m^2	39.409
LB2-100	清单	010202003	平板	C25 预拌混凝土	2-4/A-B	板净面积×板厚－柱所占体积	2.218	m^3	2.218
	定额	定额子目 1	板体积	C25 预拌混凝土		同上	2.218	m^3	2.218
	清单	011702016	平板	普通模板		板底部净面积－柱所占面积	22.146	m^2	22.471
	定额	定额子目 1	现浇板模板面积	普通模板		同上	22.146	m^2	22.471
		定额子目 2	现浇板超高模板面积	普通模板		同上	22.146	m^2	22.146
LB3-100	清单	010202003	平板	C25 预拌混凝土	2-3/B-C	板净面积×板厚	0.33696	m^3	0.33696
	定额	定额子目 1	板体积	C25 预拌混凝土		同上	0.337	m^3	0.337
	清单	011702016	平板	普通模板		板底部净面积－柱所占面积	3.3527	m^2	3.5248
	定额	定额子目 1	现浇板模板面积	普通模板		同上	3.3527	m^2	3.5248
		定额子目 2	现浇板超高模板面积	普通模板		板底部净面积－柱所占面积	3.3527	m^2	3.5248

续表

构件名称	算量类别	项目编码	项目名称	项目特征	位置	计算公式	工程量	单位	软件工程量
YXB-100	清单	010505008	雨篷、悬挑板、阳台板	C25 预拌混凝土	2-3/B-C	板净面积×板厚	0.7632	m^3	0.7632
	定额	定额子目 1	阳台板体积	C25 预拌混凝土		同上	0.7632	m^3	0.7632
	清单	011702023	雨篷、悬挑板、阳台板	普通模板		板底部净面积	7.632	m^2	7.632
	定额	定额子目 1	阳台板模板面积	普通模板		同上	7.632	m^2	7.632
楼梯平台板-100	清单	10202003	平板	C25 预拌混凝土	3-4/B-C	板净面积×板厚	0.1577	m^3	0.1577
	定额	定额子目 1	板体积	C25 预拌混凝土		同上	0.1577	m^3	0.1577
	清单	11702016	平板	普通模板		板底部净面积	1.5768	m^2	1.5768
	定额	定额子目 1	楼梯平台板模板面积	普通模板		同上	1.5768	m^2	1.5768
	定额	定额子目 2	楼梯平台板超高模板面积	普通模板		同上	1.5768	m^2	1.5768

1.3 室内结构工程量计算

1.3.1 现浇混凝土梯柱的工程量计算

1.3.1.1 布置任务

（1）根据图纸对首层现浇混凝土梯柱进行列项。

（2）总结梯柱的各种清单、定额工程量计算规则。

（3）计算首层所有梯柱的清单、定额工程量。

1.3.1.2 内容讲解

（1）现浇混凝土梯柱的清单工程量及与之对应的定额工程量计算规则

① 现浇混凝土梯柱的清单工程量计算规则。

按图示断面尺寸乘以柱高以体积计算。

② 与现浇混凝土梯柱清单对应的定额工程计算规则。

现浇混凝土梯柱清单包括的工作内容与其他混凝土相同。对应的定额只包括现浇混凝土梯柱一个定额分项。其定额工程量计算规则与清单规则相同。

（2）现浇混凝土梯柱模板的清单工程量及与之对应的定额工程量计算规则

① 现浇混凝土梯柱模板的清单工程量计算规则。

按模板与混凝土构件的接触面积计算。

② 与现浇混凝土梯柱模板对应的定额工程计算规则。

现浇混凝土梯柱模板清单包括的工作内容与其他混凝土相同。其定额工程量计算规则与清单规则相同。

1.3.2 现浇混凝土楼梯的工程量计算

1.3.2.1 布置任务

（1）根据图纸对首层现浇混凝土楼梯进行列项。

（2）总结楼梯的各种清单、定额工程量计算规则。

（3）计算首层所有楼梯的清单、定额工程量。

1.3.2.2 内容讲解

（1）现浇混凝土楼梯及其模板的工程量计算规则。

现浇混凝土楼梯及其模板的清单工程量和定额工程量均按设计图示尺寸以水平投影面积计算。不扣除宽度≤500mm 的楼梯井，伸入墙内部分不计算。

温馨提示：① 水平投影面积包括休息平台、平台梁、斜梁和楼梯的连接梁。当整体楼梯与现浇楼板无梯梁连接时，以楼梯的最后一个踏步边缘加300mm为界。

② 楼梯模板是按照投影面积计算，这样楼梯的踏步、踏步板平台梁等侧面模板，不另计算。伸入墙内的部分亦不增加。

（2）现浇混凝土楼梯面层的工程量计算规则。

现浇混凝土楼梯面层的清单工程量和定额工程量计算规则同楼梯及其模板的计算规则。

（3）楼梯底面天棚抹灰的工程量计算规则。

其清单工程量和定额工程量均按斜面积计算，所不同的是定额要套两个定额，一个是天棚抹灰，一个是天棚涂料，二者的工程量相等。

温馨提示：斜面积＝水平投影面积×斜度系数（1.14）。

1.3.2.3 完成任务

首层楼梯的工程量计算见表1-9。

表 1-9 首层楼梯工程量计算表（参考结施-08）

构件名称	算量类别	项目编码	项目名称	项目特征	计算公式	工程量	单位
楼梯	清单	010506001	直行楼梯	C25 预拌混凝土楼梯	楼梯净长×楼梯净宽	7.1928	m^2
	定额	定额子目 1	现浇混凝土楼梯投影面积	C25 预拌混凝土楼梯	同上	7.1928	m^2
	清单	011702024	楼梯	普通模板	同上	7.1928	m^2
	定额	定额子目 1	现浇混凝土楼梯模板面积	普通模板	同上	7.1928	m^2
	清单	011106002	块料楼梯面层		同上	7.1928	m^2
	定额	定额子目 1	块料楼梯面层		同上	7.1928	m^2
	清单	011301001	天棚抹灰	棚 2B	楼梯净长×楼梯净宽×斜度系数	8.6314	m^2
	定额	定额子目 1	楼梯底部混合砂浆抹灰（斜面积）		同上	8.6314	m^2
		定额子目 2	楼梯底部刮仿瓷涂料（斜面积）		同上	8.6314	m^2

1.4 室外结构工程量计算

本案例工程的室外结构主要有台阶、散水等。

1.4.1 现浇混凝土台阶的工程量计算

1.4.1.1 布置任务

(1) 根据图纸对首层现浇混凝土台阶进行列项。

(2) 总结台阶的各种清单、定额工程量计算规则。

(3) 计算首层室外台阶的清单、定额工程量。

1.4.1.2 内容讲解

(1) 现浇混凝土台阶、模板及其面层的工程量计算规则

① 现浇混凝土台阶、模板及其面层的清单工程量计算规则均相同，都是按照台阶的投影面积计算。

温馨提示：a. 当台阶与平台连接时，其分界线应以最上层踏步外沿加 300mm 计算；b. 其模板的清单工程量按图示台阶尺寸的水平投影面积计算，台阶端头两侧不另计算模板面积。

② 现浇混凝土台阶、模板及其面层的定额工程量计算规则均相同，都是按照台阶的投影面积计算。

所不同的是现浇混凝土台阶除了套现浇混凝土台阶的定额外，还需要再计算一个台阶垫层的定额工程量，其计算规则为台阶的投影面积×垫层的厚度。

（2）现浇混凝土台阶地面的工程量计算规则

① 现浇混凝土台阶地面的清单工程量计算规则。

按照台阶地面净长乘以台阶地面净宽，以面积计算。

② 现浇混凝土台阶地面的定额工程量计算规则。

现浇混凝土台阶地面清单对应三个定额分项，分别为台阶地面、3∶7灰土垫层和混凝土垫层。

台阶地面的定额工程量同清单工程量。垫层的工程量为台阶地面的工程量×垫层的厚度以体积计算。

1.4.1.3 完成任务

首层现浇混凝土台阶的工程量计算见表1-10。

表1-10 首层现浇混凝土台阶工程量计算表（参考建施-01）

构件名称	算量类别	项目编码	项目名称	项目特征	计算公式	工程量	单位
台阶	清单	010507004	台阶	C15碎石混凝土台阶	台阶净长×台阶净宽－台阶地面净面积	6.39	m^2
	定额	定额子目1	碎石混凝土台阶	100mmC15碎石混凝土台阶	同上	6.39	m^2
	清单	011702027	台阶	普通模板	同上	6.39	m^2
	定额	定额子目1	台阶模板面积	普通模板	同上	6.39	m^2
台阶装修	清单	011107004	水泥砂浆台阶面	20mm 1∶2.5水泥砂浆面层	同上	6.39	m^2
	定额	定额子目1	20mm 1∶2.5水泥砂浆面层	20mm 1∶2.5水泥砂浆	同上	6.39	m^2
台阶地面	清单	011101001	水泥砂浆楼地面	1.20mm 1∶2.5水泥砂浆面层 2.100mmC15水泥砂浆垫层 3.素土夯实	台阶地面净长×台阶地面净宽	2.73	m^2
	定额	定额子目1	水泥砂浆面层	20mm 1∶2.5水泥砂浆面层	同上	2.73	m^2
		定额子目2	100mmC15碎石混凝土垫层	100mmC15水泥砂浆面层	台阶地面净面积×垫层厚度	0.273	m^3

1.4.2 现浇混凝土散水的工程量计算

1.4.2.1 布置任务

（1）根据图纸对首层现浇混凝土散水进行列项。

（2）总结散水的各种清单、定额工程量计算规则。

（3）计算首层室外散水的清单、定额工程量。

1.4.2.2 内容讲解

（1）现浇混凝土散水的清单工程量计算规则。

散水清单工程量按设计图示尺寸以水平投影面积计算。

（2）与现浇混凝土散水清单对应的定额工程量计算规则。

现浇混凝土散水清单的工作内容包括地基夯实；铺设垫层；混凝土制作、运输、浇筑、振捣、养护；变形缝填塞。对应的定额分项包括垫层、现浇混凝土散水和散水伸缩缝三个定额。

① 现浇混凝土散水的定额工程量与清单规则相同；

② 垫层的定额工程量按照散水的面积×厚度以体积计算；

③ 散水伸缩缝的定额工程量按照长度计算。

1.4.2.3 完成任务

首层现浇混凝土散水的工程量计算见表1-11。

表1-11 首层现浇混凝土散水工程量计算表（参考建施-01）

构件名称	算量类别	项目编码	项目名称	项目特征	计算公式	工程量	单位
散水	清单	010507001	散水、坡道	1. 1∶1水泥砂浆面层一次抹光 2. 80mmC15碎石混凝土散水 3. 沥青砂浆嵌缝	散水净长×散水宽度	21.372	m^2
	定额	定额子目1		1∶1水泥砂浆面层一次抹光	同上	21.372	m^2
		定额子目2		80mmC15碎石混凝土散水	散水面积×厚度	1.7808	m^3
		定额子目3		沥青砂浆贴墙伸缩缝长度	贴墙长度－与台阶相交部分	34.7	m
	清单	11702029	散水	普通模板	散水外边长×散水高度	2.968	m^2
	定额	定额子目1		混凝土散水模板面积	同上	2.968	m^2

温馨提示：首层现浇混凝土散水工程量计算参考建施-01，其中由图纸可以看出A-C轴线之间长度超过6m，①-⑤轴之间长度超过6m且不超过12m，因此共有4个超过6m的隔断（其中$\sqrt{2}$近似取值1.414）。

1.5 室内装修工程量计算

室内装修需要分房间来计算，从建施-01可以看出，首层房间有楼梯间、接待室、办公室、财务处、卫生间，下面分别计算。

1.5.1 首层楼梯间装修工程量计算

1.5.1.1 布置任务

（1）根据图纸对首层楼梯间进行列项。

（2）总结楼梯间装修的各种清单、定额工程量计算规则。

（3）计算首层楼梯间位置装修的清单、定额工程量。

1.5.1.2 内容讲解

（1）楼梯间装修的清单工程量计算规则

① 楼梯间地面的清单工程量计算规则。

本案例工程是块料地面，其清单工程量按设计图示尺寸以面积计算。门洞、空圈、暖气包槽、壁龛的开口部分并入相应的工程量内。

② 水泥砂浆踢脚线的清单工程量计算规则。

本案例工程是水泥砂浆踢脚线，其清单工程量按设计图示长度乘以高度以面积计算。

③ 墙面一般抹灰的清单工程量计算规则。

本案例工程是水泥砂浆墙面，其清单工程量按设计图示尺寸以面积计算，不扣除踢脚线的面积，门窗洞口和孔洞的侧壁及顶面不增加面积。附墙柱、梁、垛、烟囱侧壁并入相应的墙面面积内。

④ 天棚抹灰的清单工程量计算规则。

本案例工程是石灰砂浆天棚，其清单工程量按设计图示尺寸以水平投影面积计算。

温馨提示：楼梯间天棚抹灰只包括楼层平台那部分，其余部分计入楼梯。

（2）与楼梯间装修清单对应的定额工程量计算规则

① 与楼梯间地面清单对应的定额工程量计算规则。

根据楼梯间地面的做法，其清单对应的定额分项包括：块料地面、3∶7灰土垫层、混凝土垫层和水泥砂浆找平层四项。

其定额工程量计算规则为：块料地面的定额工程量计算规则同清单规则，垫层定额工程量计算规则为地面积乘以厚度以体积计算，找平层以面积计算。

② 与水泥砂浆踢脚线清单对应的定额工程量计算规则。

本案例工程与水泥砂浆踢脚线清单对应的定额只包括水泥砂浆踢脚线一项定额分项，其定额工程量计算规则同清单规则。

③ 与墙面一般抹灰清单对应的定额工程量计算规则。

本案例与墙面一般抹灰清单对应的定额包括拉毛、找平层和仿瓷涂料三项定额分项，其定额工程量计算规则同清单规则。

④ 与天棚抹灰清单对应的定额工程量计算规则。

本案例工程与天棚抹灰清单对应的定额包括素水泥砂浆、找平层和仿瓷涂料面层，其定额工程量计算规则同清单规则。

1.5.1.3 完成任务

首层楼梯间装修的工程量计算见表 1-12。

表 1-12 首层楼梯间装修工程量计算表（参考建总-01～04 和建施-01）

算量类别	项目编码	项目名称	项目特征	计算公式	工程量	单位
清单	011102003	块料地面积	铺地砖地面 1. 铺 800mm × 800mm × 10mm 瓷砖，白水泥擦缝 2. 20mm 厚 1∶3 干硬性水泥砂浆黏结层 3. 素水泥一道 4. 20mm 厚 1∶3 水泥砂浆找平 5. 50mm 厚 C15 混凝土垫层 6. 150mm 厚 3∶7 灰土垫层	净长×净宽＋门开头面积/2－框架柱所占面积	9.2748	m²
定额	定额子目 1	铺 800mm×800mm×10mm 瓷砖，白水泥擦缝		同上	9.2748	m²
	定额子目 2	20mm 厚 1∶3 水泥砂浆找平		同上	9.2748	m²
	定额子目 3	素水泥一道		同上	9.2748	m²
	定额子目 4	20mm 厚 1∶3 水泥砂浆找平		同上	9.2748	m²
	定额子目 5	50mm 厚 C15 混凝土垫层		净面积×厚度	0.4637	m³
	定额子目 6	150mm 厚 3∶7 灰土垫层		净面积×厚度	1.3912	m³
清单	11301001	天棚抹灰	棚 2B 1. 抹灰面刮三遍仿瓷涂料 2. 2mm 厚 1∶2.5 纸筋灰罩面 3. 10mm 厚 1∶1∶4 混合砂浆打底 4. 刷素水泥浆一遍	净长×净宽	1.5768	m²

续表

算量类别	项目编码	项目名称	项目特征	计算公式	工程量	单位
定额	定额子目1	抹灰面刮三遍仿瓷涂料		同上	1.5768	m^2
	定额子目2	2mm厚1∶2.5纸筋灰罩面		同上	1.5768	m^2
	定额子目3	10mm厚1∶1∶4混合砂浆打底		同上	1.5768	m^2
	定额子目4	刷素水泥浆一遍		同上	1.5768	m^2
清单	11201001	墙面一般抹灰	内墙5A 1. 抹灰面刮三遍仿瓷涂料 2. 5mm厚1∶2.5水泥砂浆找平 3. 9mm厚1∶3水泥砂浆打底扫毛或划出纹道	净周长×净层高－门窗洞口面积＋门窗侧壁面积	41.74	m^2
定额	定额子目1	抹灰面刮三遍仿瓷涂料		同上	41.74	m^2
	定额子目2	5mm厚1∶2.5水泥砂浆找平		净周长×净层高－门窗洞口面积	41.047	m^2
	定额子目3	9mm厚1∶3水泥砂浆打底扫毛或划出纹道		同上	41.047	m^2
清单	11105001	水泥砂浆踢脚线	水泥砂浆踢脚线 1. 8mm厚1∶2.5水泥砂浆罩面压实赶光 2. 18mm厚1∶3水泥砂浆打底扫毛或划出纹道	(净周长－门宽)×踢脚高度	1.209	m^2
定额	定额子目1	8mm厚1∶2.5水泥砂浆罩面压实赶光		同上	1.209	m^2
	定额子目2	18mm厚1∶3水泥砂浆打底扫毛或划出纹道		同上	1.209	

温馨提示：首层楼梯间装修天棚抹灰工程量的计算只计算楼层平台板部分，其余部分计入楼梯。

1.5.2　首层接待室装修工程量计算

1.5.2.1　布置任务

(1) 根据图纸对首层接待室进行列项。

(2) 总结首层接待室装修的各种清单、定额工程量计算规则。

(3) 计算首层接待室装修的清单、定额工程量。

1.5.2.2 内容讲解

接待室与楼梯间装修相比，没有踢脚，多了一个墙裙，其他的装修构件都一样，因此，这里只介绍墙裙的工程量计算规则。

（1）块料墙面（胶合板墙裙）的清单工程量计算规则。

其清单工程量应按设计图示墙净长乘净高以面积计算。

（2）与块料墙面（胶合板墙裙）清单对应的定额工程量计算规则。

根据本工程的墙裙做法，与块料墙面（胶合板墙裙）清单对应的定额包括木龙骨、木基层、木装饰层以及油漆四项定额分项，其定额工程量计算规则同清单规则。

（3）其余各构件的清单工程量和定额工程量计算规则与楼梯间装修的相应构件相同。

1.5.2.3 完成任务

首层接待室装修的工程量计算见表 1-13。

表 1-13 首层接待室装修工程量计算表（参考建总-01～04 和建施-01）

算量类别	项目编码	项目名称	项目特征	计算公式	工程量	单位
清单	011102003	块料楼地面	铺地砖地面 1. 铺 800mm×800mm×10mm 瓷砖，白水泥擦缝 2. 20mm 厚 1∶3 干硬性水泥砂浆黏结层 3. 素水泥一道 4. 20mm 厚 1∶3 水泥砂浆找平 5. 50mm 厚 C15 混凝土垫层 6. 150mm 厚 3∶7 灰土垫层	净长×净宽−门开口面积/2−框架柱所占面积	24.021	m^2
定额	定额子目 1	铺 800mm×800mm×10mm 瓷砖，白水泥擦缝		同上	24.021	m^2
	定额子目 2	20mm 厚 1∶3 水泥砂浆找平		同上	24.021	m^2
	定额子目 3	素水泥一道		同上	24.021	m^2
	定额子目 4	20mm 厚 1∶3 水泥砂浆找平		同上	24.021	m^2
	定额子目 5	50mm 厚 C15 混凝土垫层		净面积×厚度	1.2011	m^3
	定额子目 6	150mm 厚 3∶7 灰土垫层		净面积×厚度	3.6032	m^3
清单	011301001	天棚抹灰	棚 2B 1. 抹灰面刮三遍仿瓷涂料 2. 2mm 厚 1∶2.5 纸筋灰罩面 3. 10mm 厚 1∶1∶4 混合砂浆打底 4. 刷素水泥浆一遍	净长×净宽	22.1796	m^2

续表

算量类别	项目编码	项目名称	项目特征	计算公式	工程量	单位
定额	定额子目1	抹灰面刮三遍仿瓷涂料		同上	22.1796	m²
	定额子目2	2mm厚1：2.5纸筋灰罩面		同上	22.1796	m²
	定额子目3	10mm厚1：1：4混合砂浆打底		同上	22.1796	m²
	定额子目4	刷素水泥浆一遍		同上	22.1796	m²
清单	011201001	墙面一般抹灰	内墙5A 1. 抹灰面刮三遍仿瓷涂料 2. 5mm厚1：2.5水泥砂浆找平 3. 9mm厚1：3水泥砂浆打底扫毛或划出纹道	净周长×净层高－门窗洞口面积＋门窗侧壁面积	37.6437	m²
定额	定额子目1	抹灰面刮三遍仿瓷涂料		同上	37.422	m²
	定额子目2	5mm厚1：2.5水泥砂浆找平		同上	37.422	m²
	定额子目3	9mm厚1：3水泥砂浆打底扫毛或划出纹道		同上	37.422	m²
清单	011204003	块料墙面	块料墙面 胶合板墙裙（内墙裙10A1） 1. 饰面油漆刮腻子、磨砂纸、刷底漆两遍，刷聚酯清漆两遍 2. 粘柚木饰面板 3. 12mm木质基层板 4. 木龙骨（断面30mm×40mm，间距300mm×300mm） 5. 墙缝原浆抹平	（周长－门洞口宽度）×1.2＋门侧壁墙裙面积	16.284	m²
定额	定额子目1	饰面油漆刮腻子、磨砂纸、刷底漆两遍，刷聚酯清漆两遍		同上	15.924	m²
	定额子目2	粘柚木饰面板		同上	15.924	m²
	定额子目3	12mm木质基层板		同上	15.924	m²
	定额子目4	木龙骨（断面30mm×40mm，间距300mm×300mm）		同上	15.924	m²

1.5.3 首层办公室装修工程量计算

1.5.3.1 布置任务

（1）根据图纸对首层办公室进行列项。

（2）总结首层办公室装修的各种清单、定额工程量计算规则。

（3）计算首层办公室装修的清单、定额工程量。

1.5.3.2 内容讲解

办公室的装修与楼梯间完全相同，各构件的清单工程量和定额工程量的计算规则与楼梯间装修完全相同。

1.5.3.3 完成任务

首层办公室装修的工程量计算见表 1-14。

表 1-14 首层办公室装修工程量计算表（参考建总-01 和建施-01）

算量类别	项目编码	项目名称	项目特征	计算公式	工程量	单位
清单	011102003	块料楼地面	铺地砖地面 1. 铺 800mm × 800mm × 10mm 瓷砖，白水泥擦缝 2. 20mm 厚 1∶3 干硬性水泥砂浆黏结层 3. 素水泥一道 4. 20mm 厚 1∶3 水泥砂浆找平 5. 50mm 厚 C15 混凝土垫层 6. 150mm 厚 3∶7 灰土垫层	净长×净宽＋门侧壁开口面积－凸出墙面柱面积	18.565	m^2
定额	定额子目 1	铺 800mm×800mm×10mm 瓷砖，白水泥擦缝		同上	18.565	m^2
	定额子目 2	20mm 厚 1∶3 水泥砂浆找平		同上	18.565	m^2
	定额子目 3	素水泥一道		同上	18.565	m^2
	定额子目 4	20mm 厚 1∶3 水泥砂浆找平		同上	18.565	m^2
	定额子目 5	50mm 厚 C15 混凝土垫层		净面积×垫层厚度	0.9283	m^3
	定额子目 6	150mm 厚 3∶7 灰土垫层		净面积×垫层厚度	2.7848	m^3
清单	011301001	天棚抹灰	棚 2B 1. 抹灰面刮三遍仿瓷涂料 2. 2mm 厚 1∶2.5 纸筋灰罩面 3. 10mm 厚 1∶1∶4 混合砂浆打底 4. 刷素水泥浆一遍	净长×净宽	18.5436	m^2

续表

算量类别	项目编码	项目名称	项目特征	计算公式	工程量	单位
定额	定额子目1	抹灰面刮三遍仿瓷涂料		同上	18.5436	m^2
	定额子目2	2mm厚1∶2.5纸筋灰罩面		同上	18.5436	m^2
	定额子目3	10mm厚1∶1∶4混合砂浆打底		同上	18.5436	m^2
	定额子目4	刷素水泥浆一遍		同上	18.5436	m^2
清单	011201001	墙面一般抹灰	内墙5A 1. 抹灰面刮三遍仿瓷涂料 2. 5mm厚1∶2.5水泥砂浆找平 3. 9mm厚1∶3水泥砂浆打底扫毛或划出纹道	净周长×(净层高－踢脚高度)＋柱外露面积－门窗洞口面积＋门窗侧壁面积	57.824	m^2
定额	定额子目1	抹灰面刮两遍仿瓷涂料		同上	57.824	m^2
	定额子目2	5mm厚1∶2.5水泥砂浆找平		净周长×净层高＋柱外露面积－门窗洞口面积	56.472	m^2
	定额子目3	9mm厚1∶3水泥砂浆打底扫毛或划出纹道		同上	56.472	m^2
清单	011105001	水泥砂浆踢脚线	水泥砂浆踢脚线 1. 8mm厚1∶2.5水泥砂浆罩面压实赶光 2. 18mm厚1∶3水泥砂浆打底扫毛或划出纹道	(净周长－门宽)×踢脚高度	1.734	m^2
定额	定额子目1	8mm厚1∶2.5水泥砂浆罩面压实赶光		同上	1.734	m^2
	定额子目2	18mm厚1∶3水泥砂浆打底扫毛或划出纹道		同上	1.734	m^2

1.5.4　首层财务室装修工程量计算

1.5.4.1　布置任务

（1）根据图纸对首层财务处进行列项。

（2）总结首层财务处装修的各种清单、定额工程量计算规则。

(3) 计算首层财务处装修的清单、定额工程量。

1.5.4.2 内容讲解

财务室的装修与楼梯间完全相同，各构件的清单工程量和定额工程量的计算规则与楼梯间装修完全相同。

1.5.4.3 完成任务

首层财务处装修的工程量计算见表 1-15。

表 1-15 首层财务处装修工程量计算表（参考建总-01～04 和建施-01）

算量类别	项目编码	项目名称	项目特征	计算公式	工程量	单位
清单	011102003	块料楼地面	铺地砖地面 1. 铺 800mm × 800mm × 10mm 瓷砖，白水泥擦缝 2. 20mm 厚 1：3 干硬性水泥砂浆黏结层 3. 素水泥一道 4. 20mm 厚 1：3 水泥砂浆找平 5. 50mm 厚 C15 混凝土垫层 6. 150mm 厚 3：7 灰土垫层	净长×净宽+门侧壁开口面积−凸出墙面柱面积	18.565	m^2
定额	定额子目 1	铺 800mm×800mm×10mm 瓷砖，白水泥擦缝		同上	18.565	m^2
	定额子目 2	20mm 厚 1：3 水泥砂浆找平		同上	18.565	m^2
	定额子目 3	素水泥一道		同上	18.565	m^2
	定额子目 4	20mm 厚 1：3 水泥砂浆找平		同上	18.565	m^2
	定额子目 5	50mm 厚 C15 混凝土垫层		净面积×垫层厚度	0.9283	m^3
	定额子目 6	150mm 厚 3：7 灰土垫层		净面积×垫层厚度	2.7848	m^3
清单	011301001	天棚抹灰	棚 2B 1. 抹灰面刮三遍仿瓷涂料 2. 2mm 厚 1：2.5 纸筋灰罩面 3. 10mm 厚 1：1：4 混合砂浆打底 4. 刷素水泥浆一遍	净长×净宽	18.5436	m^2

续表

算量类别	项目编码	项目名称	项目特征	计算公式	工程量	单位
定额	定额子目1	抹灰面刮三遍仿瓷涂料		同上	18.5436	m^2
	定额子目2	2mm厚1∶2.5纸筋灰罩面		同上	18.5436	m^2
	定额子目3	10mm厚1∶1∶4混合砂浆打底		同上	18.5436	m^2
	定额子目4	刷素水泥浆一遍		同上	18.5436	m^2
清单	011201001	墙面一般抹灰	内墙5A 1. 抹灰面刮三遍仿瓷涂料 2. 5mm厚1∶2.5水泥砂浆找平 3. 9mm厚1∶3水泥砂浆打底扫毛或划出纹道	净周长×(净层高－踢脚高度)＋柱外露面积－门窗洞口面积＋门窗侧壁面积	57.824	m^2
定额	定额子目1	抹灰面刮两遍仿瓷涂料		同上	57.824	m^2
	定额子目2	5mm厚1∶2.5水泥砂浆找平		净周长×净层高＋柱外露面积－门窗洞口面积	56.472	m^2
	定额子目3	9mm厚1∶3水泥砂浆打底扫毛或划出纹道		同上	56.472	m^2
清单	011105001	水泥砂浆踢脚线	水泥砂浆踢脚线 1. 8mm厚1∶2.5水泥砂浆罩面压实赶光 2. 18mm厚1∶3水泥砂浆打底扫毛或划出纹道	(净周长－门宽)×踢脚高度	1.734	m^2
定额	定额子目1	8mm厚1∶2.5水泥砂浆罩面压实赶光		同上	1.734	m^2
	定额子目2	18mm厚1∶3水泥砂浆打底扫毛或划出纹道		同上	1.734	m^2

1.5.5 首层卫生间装修工程量计算

1.5.5.1 布置任务

(1) 根据图纸对首层卫生间进行列项。

(2) 总结首层卫生间装修的各种清单、定额工程量计算规则。

（3）计算首层卫生间装修的清单、定额工程量。

1.5.5.2 内容讲解

（1）卫生间的清单工程量计算规则

① 陶瓷锦砖地面的清单工程量计算规则。

本案例工程为陶瓷锦砖地面，其清单工程量计算规则与楼梯间的块料地面相同。

② 釉面砖墙面的清单工程量计算规则。

其清单工程量按镶贴表面积计算。

③ 涂料天棚的清单工程量计算规则。

其清单工程量按设计图示尺寸以水平投影面积计算。

（2）与卫生间清单对应的定额工程量计算规则

① 与陶瓷锦砖地面清单对应的定额工程量计算规则。

根据案例的工程做法，该清单对应的定额包括：陶瓷锦砖地面、防水层、找平层和垫层四项定额分项，其定额工程量计算规则如下：

a. 陶瓷锦砖地面的定额工程量计算规则同其清单规则；

b. 防水层的定额工程量计算规则等于平面防水面积加往上翻 150mm 的立面防水面积；

c. 找平层的定额工程量计算规则同防水层的地面积；

d. 垫层的定额工程量计算规则等于地面积乘以垫层厚度以体积计算。

② 与釉面砖墙面清单对应的定额工程量计算规则。

根据案例的工程做法，该清单对应的定额包括：釉面砖墙面、水泥砂浆抹灰、水泥砂浆勾缝三项定额分项，其定额工程量计算规则同釉面砖墙面的清单工程量计算规则。

③ 与涂料天棚清单对应的定额工程量计算规则。

根据案例的工程做法，该清单对应的定额包括：涂料天棚、水泥砂浆天棚、成品腻子粉刮两遍三项定额分项，其定额工程量计算规则同涂料天棚的清单工程量计算规则。

1.5.5.3 完成任务

首层卫生间装修的工程量计算见表 1-16。

表 1-16 首层卫生间装修工程量计算表（参考建总-01～04 和建施-01）

算量类别	项目编码	项目名称	项目特征	计算公式	工程量	单位
清单	011102002	碎石材楼地面	陶瓷锦砖地面（楼面 E） 1. 5mm 厚陶瓷锦砖铺实拍平，DTG 擦缝 2. 20mm 厚水泥砂浆黏结层 3. 20mm 厚水泥砂浆找平层 4. 1.5mm 厚聚合物水泥基防水涂料 5. 20mm 厚水泥砂浆找平层 6. 最厚 50mm 最薄 35mm 厚 C15 细石混凝土从门口处向地漏找坡 7. 50mm 厚 C15 混凝土垫层 8. 100mm 厚 3∶7 灰土垫层	净长×净宽＋门侧壁开口面积－凸出墙面柱截面积	3.4608	m^2

续表

算量类别	项目编码	项目名称	项目特征	计算公式	工程量	单位
定额	定额子目1	5mm厚陶瓷锦砖铺实拍平，DTG擦缝，20mm厚水泥砂浆黏结层		同上	3.4608	m^2
	定额子目2	20mm厚水泥砂浆找平层		同上	3.4608	m^2
	定额子目3	5mm厚聚合物水泥基防水涂料（平面）		同上	3.4608	m^2
	定额子目4	5mm厚聚合物水泥基防水涂料（立面）		（净长＋净宽）×高度	1.116	m^2
	定额子目5	20mm厚水泥砂浆找平层		地面净面积	3.4608	m^2
	定额子目6	最厚50mm最薄35mm厚C15细石混凝土从门口处向地漏找坡		地面净面积×平均厚度	0.1471	m^2
	定额子目7	50mm厚C15混凝土垫层		地面净面积×厚度	0.173	m^2
	定额子目8	100mm厚3∶7灰土垫层		地面净面积×厚度	0.3461	m^2
清单	011204003	块料墙面	釉面砖墙面（内墙B） 1. DTG砂浆勾缝，5mm厚釉面砖面层 2. 5mm厚水泥砂浆黏结层 3. 8mm厚水泥砂浆打底 4. 水泥砂浆勾实接缝，修补墙面	内墙净周长×净高－门窗洞口面积＋门窗侧壁面积	24.202	m^2

续表

算量类别	项目编码	项目名称	项目特征	计算公式	工程量	单位
定额	定额子目 1	DTG 砂浆勾缝，5mm 厚釉面砖面层，5mm 厚水泥砂浆黏结层		同上	24.202	m^2
	定额子目 2	8mm 厚水泥砂浆打底		内墙净周长×净高－门窗洞口面积	23.17	m^2
	定额子目 3	水泥砂浆勾实接缝，修补墙面		同上	23.17	m^2
清单	011301001	天棚抹灰	棚 A：刷涂料顶棚 1. 板底 10mm 厚水泥砂浆抹平 2. 刮 2mm 厚耐水腻子 3. 刮耐擦洗白色涂料	净长×净宽	3.3696	m^2
定额	定额子目 1	板底 10mm 厚水泥砂浆抹平		同上	3.3696	m^2
	定额子目 2	刮 2mm 厚耐水腻子		同上	3.3696	m^2
	定额子目 3	刮耐擦洗白色涂料		同上	3.3696	m^2

温馨提示：北京定额规定：内墙抹灰应计算到吊顶底标高 0.2m 以上，即（抹灰高度＝吊顶下净高＋0.2）。

1.6 室外装修工程量计算

1.6.1 首层室外装修工程量计算

1.6.1.1 布置任务

（1）根据图纸对首层室外装修进行列项。

（2）总结室外装修的各种清单、定额工程量计算规则。

（3）计算首层室外装修的清单、定额工程量。

1.6.1.2 内容讲解

根据图纸可知，首层室外装修只包括阳台的天棚抹灰、外墙保温和外墙陶制釉面砖，下面分别介绍其工程量计算规则。

（1）室外装修清单工程量计算规则

① 阳台天棚抹灰的清单工程量计算规则。

其清单工程量计算规则与室内天棚抹灰相同。

② 外墙保温层的清单工程量计算规则。

其清单工程量计算规则按设计图示尺寸以面积计算。扣除面积＞0.3m^2 梁、孔洞所占面积；门窗洞口侧壁以及与墙相连的柱，并入保温墙体工程量内。

③ 外墙陶制釉面砖的清单工程工作量计算规则。

其清单工程量计算规则按照镶贴表面积计算。

（2）与室外装修清单对应的定额工程量计算规则

① 与阳台天棚抹灰清单对应的定额工程量计算规则。

与阳台天棚抹灰清单对应的定额及工程量计算规则与室内天棚相同。

② 与外墙保温层清单对应的定额工程量计算规则。

根据案例工程的做法，与外墙保温层清单对应的定额包括水泥砂浆墙面、墙体保温和钢丝网抹面层三项定额分项，其定额工程量计算规则均与外墙保温层清单的清单工程量相同。

③ 与外墙陶制釉面砖清单对应的定额工程量计算规则。

根据案例工程的做法，与外墙陶制釉面砖清单对应的定额只有外墙陶制釉面砖一项定额分项，其定额工程量计算规则同清单规则。

1.6.2　完成任务

首层室外装修的工程量计算见表1-17。

表1-17　首层室外装修工程量计算表（参考建总-01～04和建施-01）

构件名称	算量类别	项目编码	项目名称	项目特征	计算公式	工程量	单位
阳台底板天棚装修	清单	011301001	天棚抹灰	1. 抹灰面刮两遍仿瓷涂料； 2. 2mm厚1∶2.5纸筋灰罩面； 3. 10mm厚1∶1∶4混合砂浆打底； 4. 刷素水泥浆一遍（内掺建筑胶）	净长×净宽	7.632	m^2
	定额	定额子目1	抹灰面刮两遍仿瓷涂料		同上	7.632	m^2
		定额子目2	2mm厚1∶2.5纸筋灰罩面		同上	7.632	m^2
		定额子目3	10mm厚1∶1∶4混合砂浆打底		同上	7.632	m^2
		定额子目4	刷素水泥浆一遍		同上	7.632	m^3

续表

构件名称	算量类别	项目编码	项目名称	项目特征	计算公式	工程量	单位
外墙27A（外墙裙）装修	清单	011204003	块料墙面	保温隔热墙面 外墙27A 1. 5～7mm厚抹聚合物抗裂砂浆，聚合物抗裂砂浆硬化后铺镀锌钢丝网片 2. 满贴50mm厚硬泡聚氨酯保温层 3. 3～5mm厚黏结砂浆 4. 20mm厚1∶3水泥防水砂浆（基层界面或毛化处理）	外墙外边线×墙裙高度－与M-1相交面积－与台阶相交面积＋门侧壁面积	34.41	m^2
	定额	定额子目1	5～7mm厚抹聚合物抗裂砂浆，聚合物抗裂砂浆硬化后铺镀锌钢丝网片		外墙外边线×墙裙高度－（M－1面积）－与台阶相交面积	32.622	m^2
		定额子目2	满贴50mm厚硬泡聚氨酯保温层		同上	34.41	m^2
		定额子目3	3～5mm厚黏结砂浆		同上	34.41	m^2
		定额子目4	20mm厚1∶3水泥防水砂浆（基层界面或毛化处理）		同上	34.41	m^2
	清单	011204003	块料墙面	贴面砖墙面（外墙27A） 8mm厚面砖，专用瓷砖粘贴剂粘贴	外墙外边线×墙裙高度－与M－1相交面积－与台阶相交面积＋门侧壁面积	32.4765	m^2
	定额	定额子目	8mm厚面砖，专用瓷砖粘贴剂粘贴		同上	32.4765	m^2

续表

构件名称	算量类别	项目编码	项目名称	项目特征	计算公式	工程量	单位
外墙27A（外墙）装修	清单	011001003	保温隔热墙面	保温隔热墙面 外墙 27A 1. 5～7mm厚抹聚合物抗裂砂浆，聚合物抗裂砂浆硬化后铺镀锌钢丝网片 2. 满贴50mm厚硬泡聚氨酯保温层 3. 3～5mm厚黏结砂浆 4. 20mm厚1∶3水泥防水砂浆（基层界面或毛化处理）	外墙外边线×（层高－墙裙高度－半）－门窗洞口面积＋门窗侧壁－阳台板相交面积	109.559	m²
	定额	定额子目1	5～7mm厚抹聚合物抗裂砂浆，聚合物抗裂砂浆硬化后铺镀锌钢丝网片		外墙外边线×（层高－墙裙高度－半）－门窗洞口面积－阳台板相交面积	101.789	m²
		定额子目2	满贴50mm厚硬泡聚氨酯保温层		同上	101.789	m²
		定额子目3	3～5mm厚黏结砂浆		同上	101.789	m²
		定额子目4	20mm厚1∶3水泥防水砂浆（基层界面或毛化处理）		同上	101.789	m²
	清单	011204003	块料墙面	贴面砖墙面（外墙27A） 8mm厚面砖，专用瓷砖粘贴剂粘贴	外墙外边线×（层高－墙裙高度－半）－门窗洞口面积＋门窗侧壁－阳台板相交面积	109.559	m²
	定额	定额子目	8mm厚面砖，专用瓷砖粘贴剂粘贴		同上	109.559	m²

第2章　第二层工程量手工计算

能力目标

掌握第二层构件清单工程量和其对应的计价工程量计算规则，并根据这些规则手工计算各构件的工程量。

从图纸分析可以看出，第二层有很多工程量与首层是一样的，见表2-1。

表2-1　二层与首层相同构件统计表

构件名称	是否重新计算
框架柱	与首层相同见表1-1
框架梁	重新计算见表2-2
板	重新计算见表2-3
砌块墙	与首层相同，见表1-7
门	与首层相同，见表1-3
门联窗	重新计算，见表2-5
窗	与首层相同，见表1-4
过梁	与首层相同，见表1-6
构造柱	与首层相同，见表1-5
楼梯	与首层相同，见表1-9
台阶	无
散水	无
阳台栏板	重新计算见表2-6
楼梯间装修	重新计算见表2-7
休息室装修	重新计算见表2-8
工作室装修	重新计算见表2-9
卫生间装修	重新计算见表2-10
室外装修	重新计算见表2-11

从表 2-1 可以看出，二层只需计算屋面框架梁、屋面板、门联窗、梯柱、阳台栏板、楼梯间装修、工作室装修、休息室装修、卫生间装修、室外装修及建筑面积等，其余工程量与首层相同。

2.1　围护结构工程量计算

2.1.1　屋面框架梁的工程量计算

2.1.1.1　布置任务

（1）根据图纸对屋面框架梁进行列项。

（2）总结不同种类梁的各种清单、定额工程量计算规则。

（3）计算屋面框架梁的清单、定额工程量。

2.1.1.2　内容讲解

根据图纸，其清单和定额工程工作内容及工程量计算规则与首层框架梁相同。

2.1.1.3　完成任务

屋面框架梁的工程量计算见表 2-2。

表 2-2　屋面框架梁工程量计算表（参考结施-06）

构件名称	算量类别	项目编码	项目名称	项目特征	计算公式	工程量	单位
L-1 240×400	清单	010503002	矩形梁	1. 混凝土种类：预拌 2. 混凝土强度等级：C25	梁截面面积×梁净长	0.2074	m^3
	定额	定额子目 1	非框架梁体积	C25 预拌混凝土	同上	0.2074	m^3
	清单	011702006	矩形梁	普通模板	(梁截面周长－梁宽)×梁净长	2.0304	m^2
	定额	定额子目 1	非框架梁模板面积	普通模板	同上	2.0304	m^2

续表

构件名称	算量类别	项目编码	项目名称	项目特征	计算公式	工程量	单位
WKL-1 370×650	清单	010503002	矩形梁	1. 混凝土种类：预拌 2. 混凝土强度等级：C25	梁截面面积×梁净长	2.7898	m^3
	定额	定额子目1	框架梁体积	C25 预拌混凝土	同上	2.7898	m^3
	清单	011702006	矩形梁	普通模板	梁净长×(梁截面宽+梁截面高×2)－板模板面积	18.443	m^2
	定额	定额子目1	框架梁模板面积	普通模板	同上	18.443	m^2
WKL-2 370×650	清单	010503002	矩形梁	1. 混凝土种类：预拌 2. 混凝土强度等级：C25	梁截面面积×梁净长×数量	2.7898	m^3
	定额	定额子目1	框架梁体积	C25 预拌混凝土	同上	2.7898	m^3
	清单	011702006	矩形梁	普通模板	[梁净长×(梁截面宽+梁截面高×2)－板模板面积]×数量	17.98	m^2
	定额	定额子目1	框架梁模板面积	普通模板	同上	17.98	m^2
WKL-3 370×650	清单	010503002	矩形梁	1. 混凝土种类：预拌 2. 混凝土强度等级：C25	梁截面面积×梁净长	2.7898	m^3
	定额	定额子目1	框架梁体积	C25 预拌混凝土	同上	2.7898	m^3
	清单	011702006	矩形梁	普通模板	梁净长×(梁截面宽+梁截面高×2)－板模板面积	17.864	m^2
	定额	定额子目1	框架梁模板面积	普通模板	同上	17.864	m^2

续表

构件名称	算量类别	项目编码	项目名称	项目特征	计算公式	工程量	单位
WKL4-240×650	清单	010503002	矩形梁	1. 混凝土种类：预拌 2. 混凝土强度等级：C25	梁截面面积×梁净长×数量	1.6848	m^3
	定额	定额子目1	框架梁体积	C25预拌混凝土	同上	1.6848	m^3
	清单	011702006	矩形梁	普通模板	[梁净长×(梁截面宽+梁截面高×2)−梁板相交面积]×数量	13.98	m^2
	定额	定额子目1	框架梁模板面积	普通模板	同上	13.98	m^2
WKL5-240×650	清单	010503002	矩形梁	1. 混凝土种类：预拌 2. 混凝土强度等级：C25	梁截面面积×梁净长	0.708	m^3
	定额	定额子目1	框架梁体积	C25预拌混凝土	同上	0.708	m^3
	清单	011702006	矩形梁	普通模板	梁净长×(梁截面宽+梁截面高×2)−梁板相交面积	7.552	m^2
	定额	定额子目1	框架梁模板面积	普通模板	同上	7.552	m^2

温馨提示：顶层梁的高度发生了变化。

2.1.2 屋面板的工程量计算

2.1.2.1 布置任务

(1) 根据图纸对屋面板进行列项。

(2) 总结不同种类屋面板的各种清单、定额工程量计算规则。

(3) 计算屋面板的清单、定额工程量。

2.1.2.2 内容讲解

根据图纸，屋面板及其模板的清单和定额工程工作内容及工程量与首层板计算规则相同。

2.1.2.3 完成任务

屋面板的工程量计算见表2-3。

表 2-3 屋面板工程量计算表（参考结施-07）

构件名称	算量类别	项目编码	项目名称	项目特征	计算公式	工程量	单位
LB1-100	清单	010505003	平板	1. 混凝土种类：预拌 2. 混凝土强度等级：C25	板净面积×板厚－柱所占体积	3.6914	m^3
	定额	定额子目 1	板体积	C25 预拌混凝土	同上	3.6914	m^3
	清单	011702016	平板	普通模板	板底部净面积－柱所占面积	36.914	m^2
	定额	定额子目 1	板模板面积	普通模板	同上	36.914	m^2
	定额	定额子目 2	板超高模板面积	普通模板	同上	36.914	m^2
LB2-100	清单	010505003	平板	1. 混凝土种类：预拌 2. 混凝土强度等级：C25	板净面积×板厚－柱所占体积	3.1902	m^3
	定额	定额子目 1	板体积	C25 预拌混凝土	同上	3.1902	m^3
	清单	011702016	平板	普通模板	板底部净面积－柱所占面积	31.902	m^2
	定额	定额子目 1	板模板面积	普通模板	同上	31.902	m^2
	定额	定额子目 2	板超高模板面积	普通模板	同上	31.902	m^2

2.1.3 屋面层挑檐及栏板的工程量计算

2.1.3.1 布置任务

（1）根据图纸对屋面层挑檐及栏板进行列项。

（2）总结挑檐及栏板的各种清单、定额工程量计算规则。

（3）计算屋面层挑檐及栏板的清单、定额工程量。

2.1.3.2 内容讲解

（1）现浇混凝土挑檐及栏板的清单及对应的定额工程量计算规则。

现浇混凝土挑檐栏板的清单及对应的定额工程量计算规则相同，均按设计图示尺寸以体积计算。

（2）现浇混凝土挑檐及栏板模板的清单及对应的定额工程量计算规则。

现浇混凝土挑檐栏板模板的清单及对应的定额工程量计算规则相同，均按设计图示尺寸以混凝土与模板的接触面积计算。

2.1.3.3　完成任务

屋面层挑檐及栏板的工程量计算见表 2-4。

表 2-4　屋面层挑檐及栏板工程量计算表（参考建施-03 和结施-08）

构件名称	算量类别	项目编码	项目名称	项目特征	计算公式	工程量	单位
挑檐板 B-100	清单	010505007	天沟（檐沟）、挑檐板	C25 预拌混凝土	挑檐投影面积×挑檐厚度	2.946	m³
	定额	定额子目 1	挑檐板体积	C25 预拌混凝土	同上	2.946	m³
	清单	011702022	天沟、檐沟	普通模板	挑檐中心线长度×挑檐宽＋挑檐外边长×挑檐厚度	34.1	m²
	定额	定额子目 1	挑檐板模板面积	普通模板	挑檐中心线长度×挑檐宽	29.46	m²
挑檐栏板	清单	010505007	天沟（檐沟）、挑檐板	C20 预拌混凝土	挑檐栏板中心线长度×挑檐栏板宽×挑檐栏板高度	0.55392	m³
	定额	定额子目 1	挑檐栏板体积	C20 预拌混凝土	同上	0.55392	m³
	清单	011702022	天沟、檐沟	普通模板	挑檐栏板中心线长度×挑檐栏板高度×2	18.464	m²
	定额	定额子目 1	挑檐栏板模板面积	普通模板	同上	18.464	m²

2.1.4　门联窗的工程量计算

2.1.4.1　布置任务

（1）根据图纸对门联窗进行列项。

（2）总结门联窗的清单、定额工程量计算规则。

（3）计算门联窗的清单、定额工程量。

2.1.4.2 内容讲解

（1）塑钢门联窗的清单工程量计算规则。

按设计图示洞口尺寸以面积计算。

（2）与塑钢门联窗清单对应的定额工程量计算规则。

根据本案例工程的做法，与塑钢门联窗清单对应的定额包括：塑钢门和塑钢窗两个定额分项，其定额工程量也是按洞口面积以 m^2 计算。

2.1.4.3 完成任务

门联窗的工程量计算见表 2-5。

表 2-5 门联窗工程量计算表（参考建总-01 和建施-05）

构件名称	算量类别	项目编码	项目名称	项目特征	计算公式	工程量	单位
门联窗MC-1	清单	010802001	金属（塑钢）门	MC-1 3900×2700 塑钢门联窗	窗洞口面积＋门洞口面积	7.83	m^2
	定额	定额子目 1	金属塑钢门		门洞口面积	2.43	m^2
		定额子目 2	金属塑钢窗		窗洞口面积	5.4	m^2

2.2 室外结构工程量计算

本案例工程的室外结构主要有阳台栏板等。

2.2.1 布置任务

（1）根据图纸对第二层阳台栏板进行列项。

（2）总结阳台栏板的各种清单、定额工程量计算规则。

（3）计算第二层阳台栏板的清单、定额工程量。

2.2.2 内容讲解

（1）阳台栏板的清单和定额工程量计算规则。

根据阳台栏板的工作内容可知，阳台栏板的清单对应一个定额分项，二者的工程量计算规则相同，均按设计图示尺寸以体积计算。

（2）阳台栏板模板的清单和定额工程量计算规则。

阳台栏板模板的清单工程及定额工程量计算规则相同，均按混凝土与模板的接触面积计算。

2.2.3 完成任务

阳台栏板的工程量计算见表2-6。

表2-6 阳台栏板工程量计算表（参考建施-02和结施-08）

构件名称	算量类别	项目编码	项目名称	项目特征	计算公式	工程量	单位
阳台栏板	清单	10505006	栏板（阳台）	C25预拌混凝土	阳台栏板中心线长度×阳台栏板宽×阳台栏板高度	0.46656	m^3
	定额	定额子目1	阳台栏板体积	C25预拌混凝土	同上	0.46656	m^3
	清单	011702022	栏板（阳台）	普通模板	阳台栏板中心线长度×阳台栏高度×2	15.552	m^2
	定额	定额子目1	阳台栏板模板面积	普通模板	同上	15.552	m^2

2.3 室内装修工程量计算

室内装修需要分房间来计算，从建施-02可以看出，第二层房间有楼梯间、休息室、清单计价工作室、定额计价工作室、卫生间，下面分别计算。

2.3.1 楼梯间装修工程量计算

2.3.1.1 布置任务

（1）根据图纸对第二层楼梯间进行列项。

（2）总结第二层楼梯间装修的各种清单、定额工程量计算规则。

（3）计算第二层楼梯间位置装修的清单、定额工程量。

2.3.1.2 内容讲解

各构件清单和定额工程量计算规则与首层楼梯间装修相同。

2.3.1.3 完成任务

楼梯间装修的工程量计算见表2-7。

表 2-7 楼梯间装修工程量计算表（参考建总-01 和建施-02）

算量类别	项目编码	项目名称	项目特征	计算公式	工程量	单位
清单	011102003	块料楼地面	1. 5mm 厚铺 800mm×800mm×10mm 瓷砖，白水泥擦缝 2. 20mm 厚 1：4 干硬性水泥砂浆黏结层 3. 素水泥结合层一道 4. 20mm 厚 1：3 水泥砂浆找平 5. 50mm 厚 C15 混凝土垫层 6. 150mm 厚 3：7 灰土垫层	净长×净宽+门开口面积/2	1.65	m^2
定额	定额子目 1	5mm 厚铺 800mm×800mm×10mm 瓷砖		同上	1.65	m^2
	定额子目 2	35mm 厚 C15 细石混凝土找平层		净长×净宽	1.5768	m^2
清单	011301001	天棚抹灰	1. 抹灰面刮两遍仿瓷涂料 2. 2mm 厚 1：2.5 纸筋灰罩面 3. 10mm 厚 1：1：4 混合砂浆打底 4. 刷素水泥浆一遍（内掺建筑胶）	净长×净宽	9.2016	m^2
定额	定额子目 1	抹灰面刮两遍仿瓷涂料		同上	9.2016	m^2
	定额子目 2	2mm 厚 1：2.5 纸筋灰罩面		同上	9.2016	m^2
	定额子目 3	10mm 厚 1：1：4 混合砂浆打底		同上	9.2016	m^2
清单	011201001	墙面一般抹灰	1. 抹灰面刮两遍仿瓷涂料 2. 5mm 厚 1：2.5 水泥砂浆找平 3. 9mm 厚 1：3 水泥砂浆打底扫毛或划出纹道	净周长×净高－门窗洞口面积+门窗侧壁	41.3548	m^2
定额	定额子目 1	抹灰面刮两遍仿瓷涂料		同上	41.3548	m^2
	定额子目 2	底层抹灰水泥砂浆		净周长×净高－门窗洞口面积	39.7398	m^2

续表

算量类别	项目编码	项目名称	项目特征	计算公式	工程量	单位
清单	11105001	水泥砂浆踢脚线	1. 8mm 厚 1∶2.5 水泥砂浆罩面压实赶光 2. 8mm 厚 1∶3 水泥砂浆打底扫毛或划出纹道	(净周长－门宽)×踢脚高度	0.301	m²
定额	定额子目 1	8mm 厚 1∶2.5 水泥砂浆罩面 8mm 厚 1∶3 水泥砂浆打底扫毛或划出纹		净周长－门所占宽度	3.01	m

2.3.2　休息室装修工程量计算

2.3.2.1　布置任务

(1) 根据图纸对第二层休息室进行列项。

(2) 总结第二层休息室装修的各种清单、定额工程量计算规则。

(3) 计算第二层休息室装修的清单、定额工程量。

2.3.2.2　内容讲解

各构件清单和定额工程量计算规则与首层休息室装修相同。

2.3.2.3　完成任务

休息室装修的工程量计算见表 2-8。

表 2-8　休息室装修工程量计算表（参考建总-01 和建施-02）

算量类别	项目编码	项目名称	项目特征	计算公式	工程量	单位
清单	011102003	块料楼地面	铺瓷砖地面（楼 8D） 1. 铺 800mm×800mm×10mm 瓷砖，白水泥擦缝 2. 20mm 厚 1∶4 干硬性水泥砂浆黏结层 3. 素水泥浆一遍 4. 35mm 厚 C15 细石混凝土找平层 5. 素水泥浆一遍	净长×净宽－门开口面积/2－框架柱所占面积	23.2995	m²
定额	定额子目 1	铺 800mm×800mm×10mm 瓷砖，白水泥擦缝		同上	23.2995	m²
	定额子目 2	20mm 厚 1∶4 干硬性水泥砂浆黏结层		同上	23.2995	m²
	定额子目 3	素水泥浆一遍		同上	23.2995	m²
	定额子目 4	35mm 厚 C15 细石混凝土找平层		同上	23.2995	m²
	定额子目 5	素水泥浆一遍		同上	23.2995	m³

续表

算量类别	项目编码	项目名称	项目特征	计算公式	工程量	单位
清单	011301001	天棚抹灰	棚 2B 1. 抹灰面刮三遍仿瓷涂料 2. 2mm 厚 1∶2.5 纸筋灰罩面 3. 10mm 厚 1∶1∶4 混合砂浆打底 4. 刷素水泥浆一遍	净长×净宽	22.1796	m^2
定额	定额子目 1	抹灰面刮三遍仿瓷涂料		同上	22.1796	m^2
	定额子目 2	2mm 厚 1∶2.5 纸筋灰罩面		同上	22.1796	m^2
	定额子目 3	10mm 厚 1∶1∶4 混合砂浆打底		同上	22.1796	m^2
	定额子目 4	刷素水泥浆一遍		同上	22.1796	m^2
清单	011201001	墙面一般抹灰	内墙 5A 1. 抹灰面刮三遍仿瓷涂料 2. 5mm 厚 1∶2.5 水泥砂浆找平 3. 9mm 厚 1∶3 水泥砂浆打底扫毛或划出纹道	净周长×净层高－门窗洞口面积＋门窗侧壁面积	56.4225	m^2
定额	定额子目 1	抹灰面刮三遍仿瓷涂料		同上	56.4225	m^2
	定额子目 2	5mm 厚 1∶2.5 水泥砂浆找平		同上	56.4225	m^2
	定额子目 3	9mm 厚 1∶3 水泥砂浆打底扫毛或划出纹道		同上	56.4225	m^2

2.3.3 清单计价和定额计价工作室装修工程量计算

2.3.3.1 布置任务

（1）根据图纸对第二层清单计价工作室和定额计价工作室进行列项。

（2）总结第二层清单计价工作室和定额计价工作室装修的各种清单、定额工程量计算规则。

（3）计算第二层清单计价工作室和定额计价工作室装修的清单、定额工程量。

（4）由图纸可以看出，第二层清单计价工作室和定额计价工作室为对称结构，其工程量完全相同，因此可以先计算一个工作室的工程量，然后再把所有工程量乘以 2。

2.3.3.2 内容讲解

各构件的清单工程量和定额工程量计算规则与首层工作室相同。

2.3.3.3 完成任务

工作室装修的工程量计算见表 2-9。

表 2-9　工作室装修工程量计算表（参考建总-01 和建施-02）

算量类别	项目编码	项目名称	项目特征	计算公式	工程量	单位
清单	011102003	块料楼地面	铺瓷砖地面（楼 8D） 1. 铺 800mm×800mm×10mm 瓷砖，白水泥擦缝 2. 20mm 厚 1∶4 干硬性水泥砂浆黏结层 3. 素水泥浆一遍 4. 35mm 厚 C15 细石混凝土找平层 5. 素水泥浆一遍	净长×净宽＋门侧壁开口面积－凸出墙面柱面积	18.565	m^2
定额	定额子目 1	铺 800mm×800mm×10mm 瓷砖，白水泥擦缝		同上	18.565	m^2
	定额子目 2	20mm 厚 1∶4 干硬性水泥砂浆粘结层		同上	18.565	m^2
	定额子目 3	素水泥浆一遍		同上	18.565	m^2
	定额子目 4	35mm 厚 C15 细石混凝土找平层		同上	18.565	m^2
	定额子目 5	素水泥浆一遍		同上	18.565	m^3
清单	011301001	天棚抹灰	棚 2B 1. 抹灰面刮三遍仿瓷涂料 2. 2mm 厚 1∶2.5 纸筋灰罩面 3. 10mm 厚 1∶1∶4 混合砂浆打底 4. 刷素水泥浆一遍	净长×净宽	18.5436	m^2
定额	定额子目 1	抹灰面刮三遍仿瓷涂料		同上	18.5436	m^2
	定额子目 2	2mm 厚 1∶2.5 纸筋灰罩面		同上	18.5436	m^2
	定额子目 3	10mm 厚 1∶1∶4 混合砂浆打底		同上	18.5436	m^2
	定额子目 4	刷素水泥浆一遍		同上	18.5436	m^2
清单	011201001	墙面一般抹灰	内墙 5A 1. 抹灰面刮三遍仿瓷涂料 2. 5mm 厚 1∶2.5 水泥砂浆找平 3. 9mm 厚 1∶3 水泥砂浆打底扫毛或划出纹道	净周长×(净层高－踢脚高度)＋柱外露面积－门窗洞口面积＋门窗侧壁面积	57.637	m^2
定额	定额子目 1	抹灰面刮两遍仿瓷涂料		同上	57.637	m^2
	定额子目 2	5mm 厚 1∶2.5 水泥砂浆找平		同上	57.637	m^2
	定额子目 3	9mm 厚 1∶3 水泥砂浆打底扫毛或划出纹道		同上	57.637	m^2

续表

算量类别	项目编码	项目名称	项目特征	计算公式	工程量	单位
清单	011105001	水泥砂浆踢脚线	水泥砂浆踢脚线 1. 8mm厚1∶2.5水泥砂浆罩面压实赶光 2. 18mm厚1∶3水泥砂浆打底扫毛或划出纹道	(净周长－门宽)×踢脚高度	1.734	m^2
定额	定额子目1	8mm厚1∶2.5水泥砂浆罩面压实赶光		同上	1.734	m^2
	定额子目2	18mm厚1∶3水泥砂浆打底扫毛或划出纹道		同上	1.734	m^2

2.3.4 卫生间装修工程量计算

2.3.4.1 布置任务

(1) 根据图纸对第二层卫生间进行列项。

(2) 总结第二层卫生间装修的各种清单、定额工程量计算规则。

(3) 计算第二层卫生间装修的清单、定额工程量。

2.3.4.2 内容讲解

各构件的清单工程量和定额工程量计算规则与首层卫生间相同。

2.3.4.3 完成任务

卫生间装修的工程量计算见表2-10。

表2-10 卫生间装修工程量计算表（参考建总-01和建施-02）

算量类别	项目编码	项目名称	项目特征	计算公式	工程量	单位
清单	011102002	碎石材楼地面	陶瓷锦砖地面（楼面E） 1. 5mm厚陶瓷锦砖铺实拍平，DTG擦缝 2. 20mm厚水泥砂浆黏结层 3. 20mm厚水泥砂浆找平层 4. 1.5mm厚聚合物水泥基防水涂料 5. 20mm厚水泥砂浆找平层 6. 最厚50mm最薄35mm厚C15细石混凝土从门口处向地漏找坡 7. 50mm厚C15混凝土垫层 8. 100mm厚3∶7灰土垫层	净长×净宽＋门侧壁开口面积－凸出墙面柱截面积	3.4608	m^2

续表

算量类别	项目编码	项目名称	项目特征	计算公式	工程量	单位
定额	定额子目1	5mm厚陶瓷锦砖铺实拍平，DTG擦缝，20厚水泥砂浆黏结层		同上	3.4608	m²
	定额子目2	20mm厚水泥砂浆找平层		同上	3.4608	m²
	定额子目3	5mm厚聚合物水泥基防水涂料（平面）		同上	3.4608	m²
	定额子目4	5mm厚聚合物水泥基防水涂料（立面）		(净长+净宽)×高度	1.116	m²
	定额子目5	20mm厚水泥砂浆找平层		地面净面积	3.4608	m²
	定额子目6	最厚50mm最薄35mm厚C15细石混凝土从门口处向地漏找坡		地面净面积×平均厚度	0.1471	m²
清单	011204003	块料墙面	釉面砖墙面（内墙B） 1. DTG砂浆勾缝，5mm厚釉面砖面层 2. 5mm厚水泥砂浆黏结层 3. 8mm厚水泥砂浆打底 4. 水泥砂浆勾实接缝，修补墙面	内墙净周长×净高－门窗洞口面积+门窗侧壁面积	24.202	m²
定额	定额子目1	DTG砂浆勾缝，5mm厚釉面砖面层，5mm厚水泥砂浆黏结层		同上	24.202	m²
	定额子目2	8mm厚水泥砂浆打底		内墙净周长×净高－门窗洞口面积	23.17	m²
	定额子目3	水泥砂浆勾实接缝，修补墙面		同上	23.17	m²
清单	011301001	天棚抹灰	棚A：刷涂料顶棚 1. 板底10mm厚水泥砂浆抹平 2. 刮2mm厚耐水腻子 3. 刮耐擦洗白色涂料	净长×净宽	3.3696	m²

续表

算量类别	项目编码	项目名称	项目特征	计算公式	工程量	单位
定额	定额子目1	板底10mm厚水泥砂浆抹平		同上	3.3696	m^2
	定额子目2	刮2mm厚耐水腻子		同上	3.3696	m^2
	定额子目3	刮耐擦洗白色涂料		同上	3.3696	m^2

2.4 室外装修工程量计算

2.4.1 第二层室外装修工程量计算

2.4.1.1 布置任务

(1) 根据图纸对第二层室外装修进行列项。

(2) 总结第二层室外装修的各种清单、定额工程量计算规则。

(3) 计算第二层室外装修的清单、定额工程量。

2.4.1.2 内容讲解

各构件的清单工程量和定额工程量计算规则与首层室外装修相同。

2.4.2 完成任务

室外装修的工程量计算见表2-11。

表2-11 室外装修工程量计算表（参考建总-01和建施-04、建施-05）

构件名称	算量类别	项目编码	项目名称	项目特征	计算公式	工程量	单位
挑檐底板天棚装修	清单	011301001	天棚抹灰	棚2B 1. 抹灰面刮三遍仿瓷涂料 2. 2mm厚1∶2.5纸筋灰罩面 3. 10mm厚1∶1∶4混合砂浆打底 4. 刷素水泥浆一遍	挑檐中心线长度×挑檐宽	29.46	m^2
	定额	定额子目1	抹灰面刮三遍仿瓷涂料		同上	29.46	m^2
		定额子目2	2mm厚1∶2.5纸筋灰罩面		同上	29.46	m^2
		定额子目3	10mm厚1∶1∶4混合砂浆打底		同上	29.46	m^2
		定额子目4	刷素水泥浆一遍		同上	29.46	m^2

续表

构件名称	算量类别	项目编码	项目名称	项目特征	计算公式	工程量	单位
外墙27A（外墙）装修	清单	011001003	保温隔热墙面	保温隔热墙面 外墙27A 1. 5～7mm厚抹聚合物抗裂砂浆，聚合物抗裂砂浆硬化后铺镀锌钢丝网片 2. 满贴50mm厚硬泡聚氨酯保温层 3. 3～5mm厚黏结砂浆 4. 20mm厚1∶3水泥防水砂浆（基层界面或毛化处理）	外墙外边线×（层高－墙裙高度一半）－门窗洞口面积＋门窗侧壁－阳台板相交面积	127.739	m^2
	定额	定额子目1	5～7mm厚抹聚合物抗裂砂浆，聚合物抗裂砂浆硬化后铺镀锌钢丝网片		外墙外边线×（层高－墙裙高度一半）－门窗洞口面积－阳台板相交面积	101.789	m^2
		定额子目2	满贴50mm厚硬泡聚氨酯保温层		同上	101.789	m^2
		定额子目3	3～5mm厚黏结砂浆		同上	101.789	m^2
		定额子目4	20mm厚1∶3水泥防水砂浆（基层界面或毛化处理）		同上	101.789	m^2
	清单	011204003	块料墙面	贴面砖墙面（外墙27A） 8mm厚面砖，专用瓷砖粘贴剂粘贴	外墙外边线×层高－门窗洞口面积＋门窗侧壁	123.2033	m^2
	定额	定额子目1	8mm厚面砖，专用瓷砖粘贴剂粘贴		同上	123.2033	m^2

续表

构件名称	算量类别	项目编码	项目名称	项目特征	计算公式	工程量	单位
挑檐栏板（外墙27A）装修	清单	011001003	保温隔热墙面	保温隔热墙面 外墙 27A 1. 5～7mm 厚抹聚合物抗裂砂浆，聚合物抗裂砂浆硬化后铺镀锌钢丝网片 2. 满贴 50mm 厚硬泡聚氨酯保温层 3. 3～5mm 厚黏结砂浆 4. 20mm 厚 1∶3 水泥防水砂浆（基层界面或毛化处理）	挑檐栏板中心线长度×挑檐栏板高度×2	18.464	m^2
	定额	定额子目 1	5～7mm 厚抹聚合物抗裂砂浆，聚合物抗裂砂浆硬化后铺镀锌钢丝网片		同上	18.464	m^2
		定额子目 2	满贴 50mm 厚硬泡聚氨酯保温层		同上	18.464	m^2
		定额子目 3	3～5mm 厚黏结砂浆		同上	18.464	m^2
		定额子目 4	20mm 厚 1∶3 水泥防水砂浆（基层界面或毛化处理）		同上	18.464	m^2
	清单	011204003	块料墙面	贴面砖墙面（外墙 27A） 8mm 厚面砖，专用瓷砖粘贴剂粘贴	挑檐栏板中心线长度×挑檐栏板高度×2	18.464	m^2
	定额	定额子目	8mm 厚面砖，专用瓷砖粘贴剂粘贴		同上	18.464	m^2

第3章 屋面层工程量手工计算

能力目标

掌握屋面层构件清单工程量和其对应的计价工程量计算规则，并根据这些规则手工计算各构件的工程量。

由建施-03得，屋面层只有围护结构、室内装修及室外装修三部分，分别包括女儿墙、屋面及女儿墙内装修以及女儿墙外装修等。接下来将对这三部分的工程量进行计算。值得注意的是，屋面层与首层、二层不同，需要特别注意。

3.1 围护结构工程量计算

3.1.1 屋面层构造柱的工程量计算

3.1.1.1 布置任务

(1) 根据图纸对屋面层构造柱进行列项。

(2) 总结不同种类构造柱的各种清单、定额工程量计算规则。

(3) 计算屋面层所有构造柱的清单、定额工程量。

3.1.1.2 内容讲解

现浇混凝土构造柱及其模板的清单工程量和定额工程量计算规则与首层构造柱相同。

3.1.1.3 完成任务

屋面层构造柱的工程量计算见表3-1。

表 3-1 屋面层构造柱工程量计算表（参考建施-03）

构件名称	算量类别	项目编码	项目名称	项目特征	计算公式	工程量	单位
女儿墙构造柱	清单	010502002	构造柱	1. 混凝土种类：预拌 2. 混凝土强度等级：C20	（构造柱截面面积×柱高+马牙槎体积）×个数	0.31104	m^3
	定额	定额子目1	构造柱体积	C20 预拌混凝土	同上	0.31104	m^3
	清单	011702003	构造柱	普通模板	（构造柱截面周长×柱高+马牙槎－砌体墙所占面积）×个数	3.1104	m^2
	定额	定额子目1	构造柱模板面积	普通模板	同上	3.1104	m^2

3.1.2 屋面层女儿墙的工程量计算

3.1.2.1 布置任务

（1）根据图纸对屋面层女儿墙进行列项。

（2）总结女儿墙的清单、定额工程量计算规则。

（3）计算屋面层所有女儿墙的清单、定额工程量。

3.1.2.2 内容讲解

屋面层女儿墙的清单工程量和定额工程量计算规则与首层砌体墙相同。

3.1.2.3 完成任务

屋面层女儿墙的工程量计算见表 3-2。

表 3-2 屋面层女儿墙工程量计算表（参考建施-03）

构件名称	算量类别	项目编码	项目名称	项目特征	计算公式	工程量	单位
女儿墙	清单	010401003	实心砖墙	M5 水泥砂浆砌 240 页岩女儿墙	女儿墙中心线长度×墙厚×墙高－构造柱体积	4.8004	m^3
	定额	定额子目1	女儿墙体积	M5 水泥砂浆砌 240 页岩女儿墙	同上	4.8004	m^3

3.1.3 屋面层女儿墙压顶的工程量计算

3.1.3.1 布置任务

（1）根据图纸对屋面层女儿墙压顶进行列项。

（2）总结现浇混凝土压顶的清单、定额工程量计算规则。

（3）计算屋面层所有女儿墙压顶的清单、定额工程量。

3.1.3.2 内容讲解

（1）现浇混凝土压顶的清单和对应的定额工程量计算规则。

现浇混凝土压顶清单工程量与对应的定额工程量计算规则相同，均按设计图示尺寸以体积计算。

（2）现浇混凝土压顶模板的清单和对应的定额工程量计算规则。

现浇混凝土压顶模板清单工程量与对应的定额工程量计算规则相同，均按混凝土与模板的接触面积计算。

3.1.3.3 完成任务

屋面层现浇混凝土压顶的工程量计算见表3-3。

表3-3 屋面层现浇混凝土压顶工程量计算表（参考建施-03）

构件名称	算量类别	项目编码	项目名称	项目特征	计算公式	工程量	单位
女儿墙压顶	清单	010507005	扶手、压顶	1. 混凝土种类：预拌 2. 混凝土强度等级:C20	压顶截面积×中心线长度	0.70992	m^3
	定额	定额子目1	女儿墙压顶体积	C20预拌混凝土	同上	0.70992	m^3
	清单	011702025	其他现浇构件（女儿墙压顶模板）	普通模板	压顶截面周长×中心线长度－女儿墙所占面积	7.0992	m^2
	定额	定额子目1	女儿墙压顶模板面积	普通模板	同上	7.0992	m^2

3.2 屋面装修工程量计算

由于屋面层与首层、二层的结构不同，其无顶部结构，所以屋面层的装修只区分女儿墙内屋面部分装修及女儿墙外装修。根据建施-03和建施-06得，屋面内装修计算如下。

3.2.1 屋面层保温防水工程量计算

3.2.1.1 布置任务

(1) 根据图纸对屋面层保温防水进行列项。

(2) 总结屋面保温防水的各种清单、定额工程量计算规则。

(3) 计算屋面保温防水清单、定额工程量。

3.2.1.2 内容讲解

(1) 屋面保温防水清单工程量计算规则。

① 屋面保温层清单工程量计算规则。

按设计图示尺寸以面积计算。

温馨提示： 保温层只有女儿墙内屋面板上有，挑檐板上没有保温层。

② 屋面防水清单工程量计算规则。

其清单工程量按设计图示尺寸以面积计算，女儿墙和挑檐栏板弯起的部分并入到屋面工程量内。

温馨提示： 防水层女儿墙内屋面板上和挑檐板上都有。

③ 屋面排水管清单工程量计算规则。

其清单工程量按设计图示尺寸以长度计算。

温馨提示： 长度以檐口到设计室外散水上表面垂直距离计算。

(2) 与屋面保温防水清单对应的定额工程量计算规则

① 与屋面保温层清单对应的定额工程量计算规则。

根据保温层清单对应的工作内容，该清单只包括屋面保温层一项定额分项，其定额工程量计算规则按清单工程量乘以保温层的平均厚度以体积计算。

② 与屋面防水清单对应的定额工程量计算规则。

根据防水层清单对应的工作内容，该清单只包括屋面防水层一项定额分项，其定额工程量计算规则与清单工程量计算规则相同。

③ 与屋面排水管清单对应的定额工程量计算规则

根据排水管清单对应的工作内容，该清单包括排水管、雨水斗和出水口三项定额分项。其中排水管的定额工程量计算规则同清单工程量，雨水斗和出水口的定额工程量计算规则均是按照个数计算。

3.2.1.3 完成任务

屋面保温防水的工程量计算见表 3-4。

表 3-4 屋面保温防水工程量计算表（参考建施-03 和建施-06）

构件名称	算量类别	项目编码	项目名称	项目特征	计算公式	工程量	单位
屋面（二层顶部）	清单	010901002	型材屋面	1. 20mm 厚 1∶2 水泥砂浆找平层 2. 1∶1∶10 水泥石灰炉渣找坡平均厚 50mm 3. 20mm 厚 1∶2 水泥砂浆找平层	净长×净宽	81.6544	m^2

续表

构件名称	算量类别	项目编码	项目名称	项目特征	计算公式	工程量	单位
屋面（二层顶部）	定额	定额子目1	20mm厚1∶2水泥砂浆找平层		同上	81.6544	m^2
	定额	定额子目2	1∶1∶10水泥石灰炉渣找坡平均厚50mm		同上	81.6544	m^2
	定额	定额子目3	20mm厚1∶2水泥砂浆找平层		同上	81.6544	m^2
	清单	010902001	屋面卷材防水	SBS防水层上翻250mm	净长×净宽+卷边面积	91.2744	m^2
	定额	定额子目1	SBS防水层上翻250mm		同上	91.2744	m^2
	清单	011001001	保温隔热屋面	1∶10水泥珍珠岩保温层100mm保温隔热屋面	净长×净宽	81.6544	m^2
	定额	定额子目1	1∶10水泥珍珠岩保温层厚100mm		同上	81.6544	m^2
屋面（挑檐板顶部）	清单	010901002	型材屋面	1. SBS防水层栏板处上翻200mm，女儿墙处上翻250mm（单列） 2. 20mm厚1∶2水泥砂浆找平层 3. 1∶1∶10水泥石灰炉渣找坡平均厚50mm 4. 20mm厚1∶2水泥砂浆找平层	挑檐中心线长×挑檐宽度	26.7264	m^2
	定额	定额子目1	20mm厚1∶2水泥砂浆找平层		同上	26.7264	m^2
	定额	定额子目2	1∶1∶10水泥石灰炉渣找坡平均厚50mm		同上	26.7264	m^2
	定额	定额子目3	20mm厚1∶2水泥砂浆找平层		同上	26.7264	m^2
	清单	010902001	屋面卷材防水	SBS防水层栏板处上翻200mm，女儿墙处上翻250mm	同上底面卷材防水面积+上翻面积	45.9864	m^2
	定额	定额子目1	SBS防水层栏板处上翻200mm，女儿墙处上翻250mm		同上	45.9864	m^2

3.2.2 屋面层女儿墙、挑檐栏板内装修工程量计算

3.2.2.1 布置任务

(1) 根据图纸对女儿墙、挑檐栏板内装修进行列项。

(2) 总结女儿墙、挑檐栏板内装修的各种清单、定额工程量计算规则。

(3) 计算女儿墙、挑檐栏板内装修的清单、定额工程量。

3.2.2.2 内容讲解

女儿墙内墙、挑檐栏板一般抹灰的清单和定额工程量计算规则相同，均按图示尺寸以内周长乘以高度以面积计算。

3.2.2.3 完成任务

女儿墙及栏板内装修的工程量计算见表3-5。

表3-5 女儿墙及栏板内装修工程量计算表（参考建施-03和建施-06）

构件名称	算量类别	项目编码	项目名称	项目特征	计算公式	工程量	单位
内墙5B（女儿墙内侧）	清单	011201001	墙面一般抹灰	1. 6mm厚1∶2.5水泥砂浆罩面 2. 12mm厚1∶3水泥砂浆打底扫毛或划出纹道	女儿墙内周长×女儿墙高+压顶侧面及顶面面积	24.2244	m^2
	定额	定额子目1	6mm厚1∶2.5水泥砂浆罩面		同上	24.2244	m^2
		定额子目2	12mm厚1∶3水泥砂浆打底扫毛或划出纹道		同上	24.224	m^2
压顶装修（女儿墙顶部）	清单	011201001	墙面一般抹灰	1. 6mm厚1∶2.5水泥砂浆罩面 2. 12mm厚1∶3水泥砂浆打底扫毛或划出纹道	压顶中心线长×压顶宽度	11.832	m^2
	定额	定额子目1	6mm厚1∶2.5水泥砂浆罩面		同上	11.832	m^2
		定额子目2	12mm厚1∶3水泥砂浆打底扫毛或划出纹道		同上	11.832	m^2
栏板内装修	清单	011201001	墙面一般抹灰		栏板内周长×栏板高	6.1328	m^2
	定额	定额子目1	6mm厚1∶2.5水泥砂浆罩面		同上	6.1328	m^2
		定额子目2	12mm厚1∶3水泥砂浆打底扫毛或划出纹道		同上	6.1328	m^2

3.3 室外装修工程量计算

3.3.1 布置任务

（1）根据图纸对屋面层室外装修进行列项。

（2）总结屋面室外装修的各种清单、定额工程量计算规则。

（3）计算屋面层室外装修的清单、定额工程量。

3.3.2 内容讲解

墙面一般抹灰的清单工程量和定额工程量计算规则与首层室外装修墙面一般抹灰相同。

3.3.3 完成任务

屋面层室外装修的工程量计算见表3-6。

表3-6 屋面层室外装修工程量计算表（参考建施-03和建施-06）

构件名称	算量类别	项目编码	项目名称	项目特征	计算公式	工程量	单位
外墙27A（女儿墙外侧）	清单	011001003	保温隔热墙面	1. 5～7mm厚抹聚合物抗裂砂浆，聚合物抗裂砂浆硬化后铺镀锌钢丝网片 2. 满贴50mm厚硬泡聚氨酯保温层 3. 3～5mm厚黏结砂浆 4. 20mm厚1∶3水泥防水砂浆（基层界面或毛化处理）	女儿墙外墙周长×墙高+压顶侧面及顶面面积	25.47	m^2
	定额	定额子目1	5～7mm厚抹聚合物抗裂砂浆，聚合物抗裂砂浆硬化后铺镀锌钢丝网片		同上	25.47	m^2
		定额子目2	满贴50mm厚硬泡聚氨酯保温层		同上	25.47	m^2
		定额子目3	3～5mm厚黏结砂浆		同上	25.47	m^2
		定额子目4	20mm厚1∶3水泥防水砂浆（基层界面或毛化处理）		同上	25.47	m^2
	清单	011204003	块料墙面	8mm厚面砖，专用瓷砖粘贴剂粘贴	同上	25.47	m^2
	定额	定额子目1	8mm厚面砖，专用瓷砖粘贴剂粘贴		同上	25.47	m^2

3.4 屋面排水管工程量计算

3.4.1 布置任务

(1) 根据图纸对屋面排水管进行列项。

(2) 总结屋面排水管的各种清单、定额工程量计算规则。

(3) 计算屋面排水管的清单、定额工程量。

3.4.2 内容讲解

屋面排水管的清单工程量是按照设计图示尺寸以长度计算，如设计未标注尺寸，以檐口至设计室外散水上表面垂直距离计算。

屋面排水管的定额工程量包括水落管，水落斗和落水口三个定额分项。水落管的工程量计算规则与清单相同，按照长度计算，水落斗、落水口以“个”计算。

3.4.3 完成任务

屋面排水管的工程量计算见表 3-7。

表 3-7 屋面排水管工程量计算表（参考建施-03 和建施-06）

算量类别	项目编码	项目名称	项目特征	计算公式	工程量	单位
清单	010902004	屋面排水管	UPVC	长度×数量	30	m
定额	定额子目 1	排水管		同上	30	m
	定额子目 2	水口		数量	4	个
	定额子目 3	水斗		数量	4	个

第4章　基础层工程量手工计算

能力目标

掌握基础层构件清单工程量和其对应的计价工程量计算规则，并根据这些规则手工计算各构件的工程量。

有了前面几章的基础，基础层的计算也将变得简单，不过基础层的构造和之前的完全不同，需要大家仔细学习下去。下面根据图纸，按照基础层三大块分类来计算各个构件的工程量。

4.1　筏板基础及垫层工程量计算

4.1.1　筏板基础工程量计算

4.1.1.1　布置任务

(1) 根据图纸对基础层筏板基础进行列项。

(2) 总结不同种类筏板基础的各种清单、定额工程量计算规则。

(3) 计算基础层所有筏板基础的清单、定额工程量。

4.1.1.2　内容讲解

(1) 筏板基础清单及与其对应的定额工程量计算规则。

筏板基础清单及与其对应的定额工程量计算规则相同，均按设计图示尺寸以体积计算。

(2) 筏板基础模板清单及与其对应的定额工程量计算规则。

筏板基础模板清单及与其对应的定额工程量计算规则相同，均按混凝土和模板的基础面积计算。

(3) 筏板基础涂膜防水清单及与其对应的定额工程量计算规则。

① 筏板基础涂膜防水清单工程量计算规则。

按设计图示尺寸以面积计算。

② 与筏板基础涂膜防水清单对应的定额工程量计算规则。

根据案例工程的做法及涂膜防水包括的工作内容，与筏板基础涂膜防水清单对应的定额包括冷底子油、平面热沥青2遍，垂直和斜面热沥青2遍。其中冷底子油的定额工程量与清单工程量相同，平面热沥青的定额工程量按平面面积计算，垂直和斜面热沥青按照垂直面积和斜面面积计算，

4.1.1.3 完成任务

筏板基础工程量计算见表4-1。

表4-1 筏板基础工程量计算表（参考结施-01）

构件名称	算量类别	项目编码	项目名称	项目特征	计算公式	工程量	单位
筏板基础	清单	010501004	满堂基础	C30预拌混凝土	满堂基础底面积×基础高度−基础边坡体积	30.126	m^3
	定额	定额子目1	满堂基础体积	C30预拌混凝土	同上	30.126	m^3
	清单	011702001	基础	普通模板	满堂基础底面周长×0.2	8.48	m^2
	定额	定额子目1	满堂基础模板面积	普通模板	同上	8.48	m^2
	清单	010904001	楼（地）面卷材防水	1. 冷底子油一遍 2. 热沥青2遍（筏板底部＋外墙侧筏板平面） 3. 热沥青2遍（筏板立面＋斜面）	底面面积＋立面面积＋斜面面积＋外墙外侧筏板平面面积	121.5656	m^2
	定额	定额子目1	冷底子油一遍		同上	121.5656	m^2
		定额子目2	热沥青2遍（筏板底部＋外墙侧筏板平面）		底部面积＋外墙侧筏板平面面积	105.55	m^2
		定额子目3	热沥青2遍（筏板立面＋斜面）		立面面积＋斜面面积	16.0156	m^2

4.1.2　基础垫层工程量计算

4.1.2.1　布置任务

（1）根据图纸对基础层基础垫层进行列项。

（2）总结不同种类基础垫层的各种清单、定额工程量计算规则。

（3）计算基础层所有基础垫层的清单、定额工程量。

4.1.2.2　内容讲解

（1）混凝土基础垫层清单及与其对应的定额工程量计算规则。

混凝土基础垫层清单及与其对应的定额工程量计算规则相同，均按设计图示尺寸以体积计算。

（2）混凝土基础垫层模板清单及与其对应的定额工程量计算规则。

混凝土基础垫层模板清单及与其对应的定额工程量计算规则相同，均按设计图示尺寸以混凝土和模板的接触面积计算。

4.1.2.3　完成任务

基础垫层工程量计算见表4-2。

表4-2　基础垫层工程量计算表（参考结总-01和结施-01）

<table>
<tr><th>构件名称</th><th>算量类别</th><th>项目编码</th><th>项目名称</th><th>项目特征</th><th>计算公式</th><th>工程量</th><th>单位</th></tr>
<tr><td rowspan="6">筏板基础垫层</td><td rowspan="2">清单</td><td rowspan="2">010501001</td><td rowspan="2">垫层</td><td rowspan="2">C15预拌混凝土垫层</td><td>基础垫层底面积×垫层厚度</td><td>10.575</td><td>m^3</td></tr>
<tr><td></td><td rowspan="2">10.575</td><td rowspan="2">m^3</td></tr>
<tr><td>定额</td><td>定额子目1</td><td>满堂基础垫层体积</td><td>C15预拌混凝土垫层</td><td>同上</td></tr>
<tr><td rowspan="2">清单</td><td rowspan="2">011702001</td><td rowspan="2">基础</td><td rowspan="2">普通模板</td><td>基础垫层底面周长×垫层厚度</td><td>4.32</td><td>m^2</td></tr>
<tr><td></td><td rowspan="2">4.32</td><td rowspan="2">m^2</td></tr>
<tr><td>定额</td><td>定额子目1</td><td>满堂基础垫层模板面积</td><td>普通模板</td><td>同上</td></tr>
</table>

4.2　基础框架柱工程量计算

4.2.1　布置任务

（1）根据图纸对基础层框架柱进行列项。

（2）总结不同种类基础框架柱的各种清单、定额工程量计算规则。

(3) 计算基础层所有框架柱的清单、定额工程量。

4.2.2 内容讲解

(1) 基础层框架柱清单及与之对应的定额工程量计算规则。

基础层框架柱清单及与之对应的定额工程量计算规则相同，均按柱子截面面积乘以柱高以体积计算。

(2) 基础层框架柱模板清单及与之对应的定额工程量计算规则。

基础层框架柱模板清单及与之对应的定额工程量计算规则相同，均按混凝土与模板的接触面积计算。

4.2.3 完成任务

基础框架柱工程量计算见表4-3。

表4-3 基础框架柱工程量计算表（参考结施-03）

<table>
<tr><th>构件名称</th><th>算量类别</th><th>项目编码</th><th>项目名称</th><th>项目特征</th><th>计算公式</th><th>工程量</th><th>单位</th></tr>
<tr><td rowspan="6">框架柱</td><td rowspan="2">清单</td><td rowspan="2">010502001</td><td rowspan="2">矩形柱</td><td rowspan="2">C30 预拌混凝土</td><td>框架柱截面积×柱净高</td><td rowspan="2">2.014</td><td rowspan="2">m^3</td></tr>
<tr><td></td></tr>
<tr><td>定额</td><td>定额子目1</td><td>框架柱体积</td><td>C30 预拌混凝土</td><td>同上</td><td>2.014</td><td>m^3</td></tr>
<tr><td rowspan="2">清单</td><td rowspan="2">011702002</td><td rowspan="2">矩形柱</td><td rowspan="2">普通模板</td><td>柱截面周长×柱净高</td><td rowspan="2">17.48</td><td rowspan="2">m^2</td></tr>
<tr><td></td></tr>
<tr><td>定额</td><td>定额子目1</td><td>框架柱模板面积</td><td>普通模板</td><td>同上</td><td>17.48</td><td>m^2</td></tr>
</table>

4.3 基础框架梁工程量计算

4.3.1 布置任务

(1) 根据图纸对基础层基础梁进行列项。

(2) 总结不同种类基础梁的各种清单、定额工程量计算规则。

(3) 计算基础层所有基础梁的清单、定额工程量。

4.3.2 内容讲解

(1) 基础层框架梁清单及与之对应的定额工程量计算规则。

基础层框架梁清单及与之对应的定额工程量计算规则相同，均按梁截面面积乘以梁长以体积计算。

（2）基础层框架梁模板清单及与之对应的定额工程量计算规则。

基础层框架梁模板清单及与之对应的定额工程量计算规则相同，均按混凝土与模板的接触面积计算。

4.3.3 完成任务

基础梁工程量计算见表4-4。

表4-4 基础梁工程量计算表（参考结施-02）

构件名称	算量类别	项目编码	项目名称	项目特征	计算公式	工程量	单位
基础梁	清单	010503001	基础梁	C30预拌混凝土	基础梁截面积×基础梁净长	5.357	m^3
	定额	定额子目1	基础梁体积	C30预拌混凝土	同上	5.357	m^3
	清单	011702005	基础梁	普通模板	基础梁净长×(0.5−0.3)×2−相互重合部分	22.54	m^2
	定额	定额子目1	基础梁模板面积	普通模板	同上	22.54	m^2

4.4 基础构造柱工程量计算

4.4.1 布置任务

（1）根据图纸对基础层构造柱进行列项。

（2）总结不同种类基础构造柱的各种清单、定额工程量计算规则。

（3）计算基础层所有基础构造柱的清单、定额工程量。

4.4.2 内容讲解

（1）基础层构造柱清单及与之对应的定额工程量计算规则。

基础层构造柱清单及与之对应的定额工程量计算规则与首层构造柱相同。

（2）基础层构造柱模板清单及与之对应的定额工程量计算规则。

基础层构造柱模板清单及与之对应的定额工程量计算规则与首层构造柱相同。

4.4.3 完成任务

基础构造柱工程量计算见表4-5。

表 4-5 基础构造柱工程量计算表（参考结施-01 和结施-03）

构件名称	算量类别	项目编码	项目名称	项目特征	计算公式	工程量	单位
GZ-370×370	清单	010502002	构造柱	C20 预拌混凝土	（构造柱截面面积×构造柱净高＋马牙槎）×数量	0.3022	m^3
	定额	定额子目 1	构造柱体积	C20 预拌混凝土	同上	0.3022	m^3
	清单	011702003	构造柱	普通模板	（构造柱周长×构造柱净高＋马牙槎－砌块墙重合面积）×数量	1.862	m^2
	定额	定额子目 1	构造柱模板面积	普通模板	同上	1.862	m^2
GZ-240×370	清单	010502002	构造柱	C20 预拌混凝土	构造柱截面面积×构造柱净高＋马牙槎	0.1123	m^3
	定额	定额子目 1	构造柱体积	C20 预拌混凝土	同上	0.1123	m^3
	清单	011702003	构造柱	普通模板	构造柱周长×构造柱净高＋马牙槎－砌块墙重合面积	0.57	m^2
	定额	定额子目 1	构造柱模板面积	普通模板	同上	0.57	m^2
GZ-240×240	清单	010502002	构造柱	C20 预拌混凝土	构造柱截面面积×构造柱净高＋马牙槎	0.0752	m^3
	定额	定额子目 1	构造柱体积	C20 预拌混凝土	同上	0.0752	m^3
	清单	011702003	构造柱	普通模板	构造柱周长×构造柱净高＋马牙槎－砌块墙重合面积－过梁重合面积	0.57	m^2
	定额	定额子目 1	构造柱模板面积	普通模板	同上	0.57	m^2

续表

构件名称	算量类别	项目编码	项目名称	项目特征	计算公式	工程量	单位
GZ2	清单	010502002	构造柱	C20 预拌混凝土	（构造柱截面面积×构造柱净高＋马牙槎）×数量	0.3022	m^3
	定额	定额子目1	构造柱体积	C20 预拌混凝土	同上	0.3022	m^3
	清单	011702003	构造柱	普通模板	（构造柱周长×构造柱净高＋马牙槎－砌块墙重合面积）×数量	1.862	m^2
	定额	定额子目1	构造柱模板面积	普通模板	同上	1.862	m^2

4.5 基础砌块墙工程量计算

4.5.1 布置任务

（1）根据图纸对基础层砌块墙进行列项。

（2）总结不同种类基础砌块墙的各种清单、定额工程量计算规则。

（3）计算基础层所有基础砌块墙的清单、定额工程量。

4.5.2 内容讲解

（1）基础砌块墙清单及与之对应的定额工程量计算规则与首层砌块墙相同。

（2）基础砌块墙外墙防水清单及与之对应的定额工程量计算规则相同，均按外墙外周长乘以防水高度以面积计算。

温馨提示：防水高度从室外地坪到基础顶。

4.5.3 完成任务

基础砌块墙工程量计算见表4-6。

表 4-6　基础砌块墙工程量计算表（参考结施-03）

构件名称	算量类别	项目编码	项目名称	项目特征	计算公式	工程量	单位
内墙 240	清单	010401003	实心砖墙（内墙）	1. 砖品种、规格、强度等级：标准砖 240 2. 墙体类型：内墙 3. 砂浆强度等级、配合比：水泥砂浆 M5.0	净长×墙厚×净高－框架柱所占体积＋构造柱所占体积	4.2333	m^3
	定额	定额子目 1	240 页岩砖墙体积	砖墙 240 体积	同上	4.2333	m^3
外墙 370	清单	010401003	实心砖墙（外墙）	1. 砖品种、规格、强度等级：标准砖 370 2. 墙体类型：外墙 3. 砂浆强度等级、配合比：水泥砂浆 M5.0	外墙中心线长×墙厚×净高－框架柱所占体积－构造柱所占体积	11.5668	m^3
	定额	定额子目 1	370 页岩砖墙体积	砖墙 370 体积	同上	11.5668	m^3
外墙 防水	清单	010904002	楼（地）面涂膜防水	1. 冷底子油一遍 2. 热沥青 2 遍	外墙中心线长×净高	42.42	m^3
	定额	定额子目 1	冷底子油一遍		同上	42.42	m^3
		定额子目 2	热沥青 2 遍		同上	42.42	m^3

4.6 大开挖土方工程量计算

4.6.1 布置任务

（1）根据图纸对基础层大开挖土方进行列项。

（2）总结不同种类土方开挖的各种清单、定额工程量计算规则。

（3）计算基础层所有开挖土方的清单、定额工程量。

4.6.2 内容讲解

（1）挖一般土方清单工程量计算规则。

按设计图示尺寸以体积计算。

温馨提示：本案例工程挖土深度不够放坡起点，因此不用放坡，垂直往下挖。

（2）与挖一般土方清单对应的定额工程量计算规则。

根据案例工程的实际情况，挖一般土方清单的工作内容包括土方开挖、基底钎探和运输三项定额分项。其定额工程量计算规则如下：

土方开挖的定额工程量计算规则同清单；基底钎探的定额工程量计算规则按基底面积计算；土方运输的定额工程量计算规则按挖土体积减去回填土体积计算。

4.6.3　完成任务

大开挖土方工程量计算见表4-7。

表4-7　大开挖土方工程量计算表（参考结施-01）

<table>
<tr><th>构件名称</th><th>算量类别</th><th>项目编码</th><th>项目名称</th><th>项目特征</th><th>计算公式</th><th>工程量</th><th>单位</th></tr>
<tr><td rowspan="5">大开挖土方</td><td>清单</td><td>010101002</td><td>挖一般土方</td><td>1. 土壤类别：三类土
2. 弃土运距：1km以内</td><td>长度×宽度×挖土深度</td><td>136.9305</td><td>m^3</td></tr>
<tr><td rowspan="2">定额</td><td>定额子目1</td><td>大开挖土方</td><td></td><td>同上</td><td>136.9305</td><td>m^3</td></tr>
<tr><td>定额子目2</td><td>余土外运</td><td></td><td>大开挖土方－回填方体积</td><td>56.7953</td><td>m^3</td></tr>
<tr><td>清单</td><td>010103001</td><td>回填方</td><td>1. 土壤类别：三类土
2. 弃土运距：1km以内</td><td>大开挖土方体积－砌体墙体积－框架柱体积－基础梁体积－筏板基础体积－垫层体积</td><td>80.1352</td><td>m^3</td></tr>
<tr><td>定额</td><td>定额子目1</td><td>土（石）方回填</td><td></td><td>同上</td><td>80.1352</td><td>m^3</td></tr>
</table>

第5章　其他项目工程量手工计算

能力目标

掌握其他表格输入项目清单工程量和其对应的计价工程量计算规则，并根据这些规则手工计算各构件的工程量。

前面已经计算了二层框架楼从基础层到屋面层六大块的工程量，还有一些工程量归不到六大块里面，如楼梯栏杆、建筑面积、脚手架、落水管等，接下来将重点介绍这些项目的工程量计算。

5.1　楼梯栏杆工程量计算

5.1.1　布置任务

（1）根据图纸对整楼的楼梯栏杆进行列项。

（2）总结楼梯栏杆的各种清单、定额工程量计算规则。

（3）计算整楼楼梯栏杆的清单、定额工程量。

5.1.2　内容讲解

楼梯栏杆清单及对应的定额工程量计算规则相同，均按设计图示以扶手中心线长度（包括弯头长度）计算。

5.1.3　完成任务

楼梯栏杆的工程量计算见表5-1。

表 5-1　楼梯栏杆工程量计算表（参考建施-06 等）

构件名称	算量类别	项目编码	项目名称	项目特征	计算公式	工程量	单位
不锈钢栏杆	清单	011503001	金属栏杆、扶手	不锈钢栏杆 不锈钢扶手	首层栏杆扶手长度＋二层栏杆扶手长度	8.09	m
	定额	定额子目 1	不锈钢栏杆		同上	8.09	m

温馨提示：楼梯扶手包括平段长度、斜段长度，斜段长度可以按照水平投影长度乘以斜度系数计算，但不如直接从图上测量的方法简单，如图 5-1 所示。

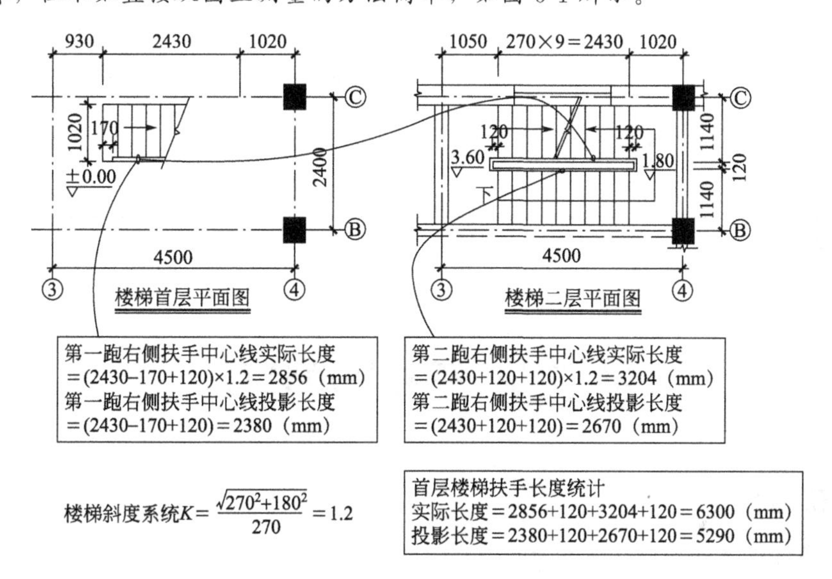

图 5-1　首层栏板扶手计算

5.2　建筑面积计算

5.2.1　布置任务

根据图纸计算整楼的建筑面积。

5.2.2　内容讲解

建筑面积的计算规则是按照建筑物外墙保温层外侧围成的水平投影面积计算，阳台建筑面积按照其栏板保温层外侧围成的投影面积的一半计算。

5.2.3 完成任务

建筑面积的工程量计算见表5-2。

表5-2 建筑面积工程量计算表（建施-01、02）

构件名称	算量名称	计算公式	工程量	单位
总建筑面积	首层外墙外边线以内面积	外墙外边线以内净面积（每边外放0.05m）	93.15	m²
	二层阳台建筑面积	阳台外边线以内净面积（每边外放0.05m）	3.876	m²
	整楼建筑面积	外墙外边线以内净面积×2＋二层阳台建筑面积	190.176	m²

5.3 平整场地计算

5.3.1 布置任务

根据图纸计算平整场地的工程量。

5.3.2 内容讲解

平整场地的清单及对应的定额工程量计算规则相同，均按首层建筑面积计算。

5.3.3 完成任务

平整场地的工程量计算见表5-3。

表5-3 平整场地工程量计算表（参考建施-01）

构件名称	算量类别	项目编码	项目名称	项目特征	计算公式	工程量	单位
平整场地	清单	010801001	平整场地		首层建筑面积（每边外放0.5m）	93.15	m²
	定额	定额子目1	平整场地		同上	93.15	m²

5.4 脚手架工程量计算

5.4.1 布置任务

根据图纸对脚手架进行列项。

5.4.2 内容讲解

(1) 综合脚手架的清单工程量计算规则。

综合脚手架的清单工程量按建筑面积计算。

温馨提示：综合脚手架适用于能够按“建筑面积计算规则”计算建筑面积的建筑工程脚手架。

(2) 与综合脚手架对应的定额工程量计算规则。

与综合脚手架对应的定额包括外脚手架、里脚手架和满堂脚手架三个定额分项。其工程量计算规则如下：

① 外脚手架的定额工程量计算规则。

按外墙面外边线长度乘以高度以面积计算。

温馨提示：高度从室外地坪到屋顶。

② 里脚手架的定额工程量计算规则。

按墙面垂直投影面积计算。

③ 满堂脚手架的定额工程量计算规则。

按搭设的水平投影面积计算。

温馨提示：里脚手架和满堂脚手架高度在3.3m以内为基本层，增加的高度如在0.6m以内，按一个增加层乘以系数0.5计算，在0.6～1.2m，按增加一层计算。钢筋混凝土筏板基础按其基础底面积计算。执行满堂脚手架（基本层）项目乘以0.5。

5.4.3 完成任务

脚手架的工程量计算见表5-4。

表5-4 脚手架工程量计算

构件名称	算量类别	项目编码	项目名称	项目特征	计算公式	工程量	单位
脚手架	清单	011701001	综合脚手架		建筑面积	190.176	m^2
	定额	定额子目1	外脚手架		外墙面外边线×外墙面高度	377.74	m^2
	定额	定额子目2	里脚手架		墙面垂直投影面积	172.89	m^2

附 图

设计总说明

一、工程概况

1.项目名称：快算公司培训楼，地上两层。建筑面积：185.756m²。

2.建筑耐火等级：二级。

3.建筑设计合理使用年限：50年。

二、墙体工程

1.外墙采用370mm厚页岩砖，内墙采用240mm厚页岩砖，屋面女儿墙采用240mm厚页岩砖。

2.正负零以下砌筑采用M5水泥砂浆，正负零以上砌筑采用M5混合砂浆。

门窗表

<table>
<tr><th rowspan="2">名称</th><th rowspan="2" colspan="3">宽度/mm</th><th rowspan="2" colspan="3">高度/mm</th><th rowspan="2">离地高/mm</th><th rowspan="2">窗台板</th><th rowspan="2">材质</th><th colspan="3">数量</th></tr>
<tr><th>一层</th><th>二层</th><th>总数</th></tr>
<tr><td>M-1</td><td colspan="3">3900</td><td colspan="3">2100</td><td></td><td></td><td>铝合金90系列双扇推拉门</td><td>1</td><td></td><td>1</td></tr>
<tr><td>M-2</td><td colspan="3">900</td><td colspan="3">2400</td><td></td><td></td><td>装饰门扇</td><td>2</td><td>2</td><td>4</td></tr>
<tr><td>M-3</td><td colspan="3">900</td><td colspan="3">2100</td><td></td><td></td><td>装饰门扇</td><td>1</td><td>1</td><td>2</td></tr>
<tr><td>C-1</td><td colspan="3">1500</td><td colspan="3">1800</td><td>900</td><td>有</td><td>塑钢平开窗</td><td>4</td><td>4</td><td>8</td></tr>
<tr><td>C-2</td><td colspan="3">1800</td><td colspan="3">1800</td><td>900</td><td></td><td>塑钢平开窗</td><td>1</td><td>1</td><td>2</td></tr>
<tr><td>C-3</td><td colspan="3">700</td><td colspan="3">1400</td><td>900</td><td></td><td>塑钢平开窗</td><td>1</td><td>1</td><td>2</td></tr>
<tr><td rowspan="3">MC-1</td><td></td><td colspan="2">其中</td><td>总高</td><td colspan="2">其中</td><td></td><td></td><td></td><td rowspan="3"></td><td rowspan="3">1</td><td rowspan="3">1</td></tr>
<tr><td>总宽</td><td>窗宽</td><td>门宽</td><td></td><td>窗高</td><td>门高</td><td></td><td></td><td>塑钢门联窗</td></tr>
<tr><td>3900</td><td>1500</td><td>900</td><td>2700</td><td>1800</td><td>2700</td><td>900</td><td></td><td></td></tr>
</table>

3.窗台板做法：1:3水泥砂浆粘贴大理石窗台板，宽180mm。

4.油漆：装饰门油漆，刷底漆一遍，刷氨聚酯清漆两遍，楼梯采用不锈钢栏杆扶手，不用油漆。

工程名称	快算公司培训楼		
图 名	概况、门窗表		
图 号	建总-01	设计	张向荣

装修做法表

层	房间名称	地面	踢脚120mm	墙裙1200mm	墙面	天棚
一层	接待室	地9		裙10A1	内墙5A	棚2B
	办公室	地9	踢2A		内墙5A	棚2B
	财务处	地9	踢2A		内墙5A	棚2B
	楼梯间	地9	踢2A		内墙5A	楼梯底板做法：棚2B
二层	休息室	楼8D	踢2A		内墙5A	棚2B
	定额计价工作室	楼8D	踢2A		内墙5A	棚2B
	清单计价工作室	楼8D	踢2A		内墙5A	棚2B
	楼梯间	楼8C	踢2A		内墙5A	棚2B
	阳台	楼8D			栏板内装修：内墙5A 阳台栏板外装修为：外墙27A陶质釉面砖（红色）	阳台板底：棚2B
屋顶	挑檐				挑檐立面装修：外墙27A，陶质釉面砖（红色）	挑檐板底：棚2B
	女儿墙				女儿墙内侧、压顶装修为：外墙5B	
外墙装修	外墙裙：高900mm，外墙27A，贴陶质釉面砖（红色），釉面砖周长600mm以内，勾缝					
	外墙面：外墙27A，贴陶质釉面砖（白色），釉面砖周长600mm以内，勾缝					
卫生间装修	地面E：陶瓷锦砖(马赛克)楼面，内墙B：釉面砖墙面，棚A：刷涂料顶棚					
台阶	水泥砂浆台阶					
散水	混凝土散水					
楼梯	地砖面层					

工程名称	快算公司培训楼		
图名	装修做法表		
图号	建总-02	设计	张向荣

工程做法明细表1

编号	装修名称	用料及分层做法
地9	铺瓷砖地面	1. 铺800 mm×800mm×10mm瓷砖，白水泥擦缝
		2. 20 mm 厚1:3干硬性水泥砂浆黏结层
		3. 素水泥结合层一道
		4. 20mm 厚1:3水泥砂浆找平
		5. 50mm 厚C15混凝土垫层
		6. 150mm 厚3:7灰土垫层
		7. 素土夯实
楼8C	瓷质防滑地砖	1. 铺 300 mm×300mm瓷质防滑地砖，白水泥擦缝
		2. 20 mm 厚1:3干硬性水泥砂浆黏结层
		3. 素水泥结合层一道
		4. 钢筋混凝土楼梯
		注：楼梯侧面抹1:2水泥砂浆20mm厚 楼梯为不锈钢扶手、栏杆
踢2A	水泥砂浆踢脚	1. 8mm 厚1:2.5水泥砂浆罩面压实赶光
		2. 18mm 厚1:3水泥砂浆打底扫毛或划出纹道
楼8D	铺瓷砖地面	1. 铺 800 mm×800mm×10mm瓷砖，白水泥擦缝
		2. 20mm 厚1:3干硬性水泥砂浆黏结层
		3. 素水泥浆一遍
		4. 35mm 厚C15细石混凝土找平层
		5. 素水泥浆一遍
		6. 钢筋混凝土楼板
(楼)地面E	陶瓷锦砖地面	1. 5mm 厚陶瓷锦砖铺实拍平，DTG擦缝
		2. 20mm 厚水泥砂浆黏结层
		3. 20mm 厚水泥砂浆找平层
		4. 1.5mm 厚聚合物水泥基防水涂料(防水上翻150mm)
		5. 20mm 厚水泥砂浆找平层
		6. 最厚50mm，最薄35mm厚C15细石混凝土从门口处向地漏处找坡
		7. 50mm 厚C15混凝土垫层(仅首层)
		8. 100mm 厚3:7灰土垫层(仅首层)

工程名称	快算公司培训楼		
图 名	工程做法明细表1		
图 号	建总-03	设计	张向荣

工程做法明细表2

编号	装修名称	用料及分层做法
裙10A1	胶合板墙裙	1. 饰面油漆刮腻子、磨砂纸、刷底漆两遍，刷聚酯清漆两遍
		2. 粘贴木饰面板
		3. 12mm木质基层板
		4. 木龙骨（断面30mm×40mm，间距300mm×300mm）
		5. 墙缝原浆抹平(用于砖墙)
内墙5A	水泥砂浆墙面	1. 抹灰面刮三遍仿瓷涂料
		2. 5mm厚1：2.5水泥砂浆找平
		3. 9mm厚1：3水泥砂浆打底扫毛或划出纹道
内墙B	釉面砖墙面	1. DTG砂浆勾缝
		2. 5mm 厚釉面砖面层
		3. 5mm 厚水泥砂浆黏结层
		4. 8mm 厚水泥砂浆打底
		5. 水泥砂浆勾实接缝，修补墙面
棚A	刷涂料顶棚	1. 板底10mm 厚水泥砂浆抹平
		2. 刮2 mm厚耐水腻子
		3. 刮耐擦洗白色涂料
棚2B	石灰砂浆抹灰天棚	1. 抹灰面刮三遍仿瓷涂料
		2. 2mm厚1：2.5纸筋灰罩面
		3. 10mm厚1：1：4混合砂浆打底
		4. 刷素水泥浆一遍（内掺建筑胶）
外墙5B	水泥砂浆墙面	1. 6mm厚1：2.5水泥砂浆罩面
		2. 12mm 厚1：3水泥砂浆打底扫毛或划出纹道
外墙27A	面砖	1. 8mm厚面砖，专用瓷砖粘贴剂粘贴
		2. 5mm厚抹聚合物抗裂砂浆，聚合物抗裂砂浆硬化后铺设镀锌钢丝网片(铺满)
		3. 满贴50mm 厚硬泡聚氨酯保温层
		4. 3～5mm厚黏结砂浆
		5. 20mm 厚1:3水泥防水砂浆(基层界面或毛化处理)
台阶	水泥砂浆台阶	1. 20mm1:2.5水泥砂浆面层
		2. 100mmC15碎石混凝土台阶
		3. 素土夯实
散水	混凝土	1. 1:1水泥砂浆面层一次抹光
		2. 80mmC15碎石混凝土散水
		3. 沥青砂浆嵌缝

工程名称	快算公司培训楼		
图 名	工程做法明细表2		
图 号	建总-04	设计	张向荣

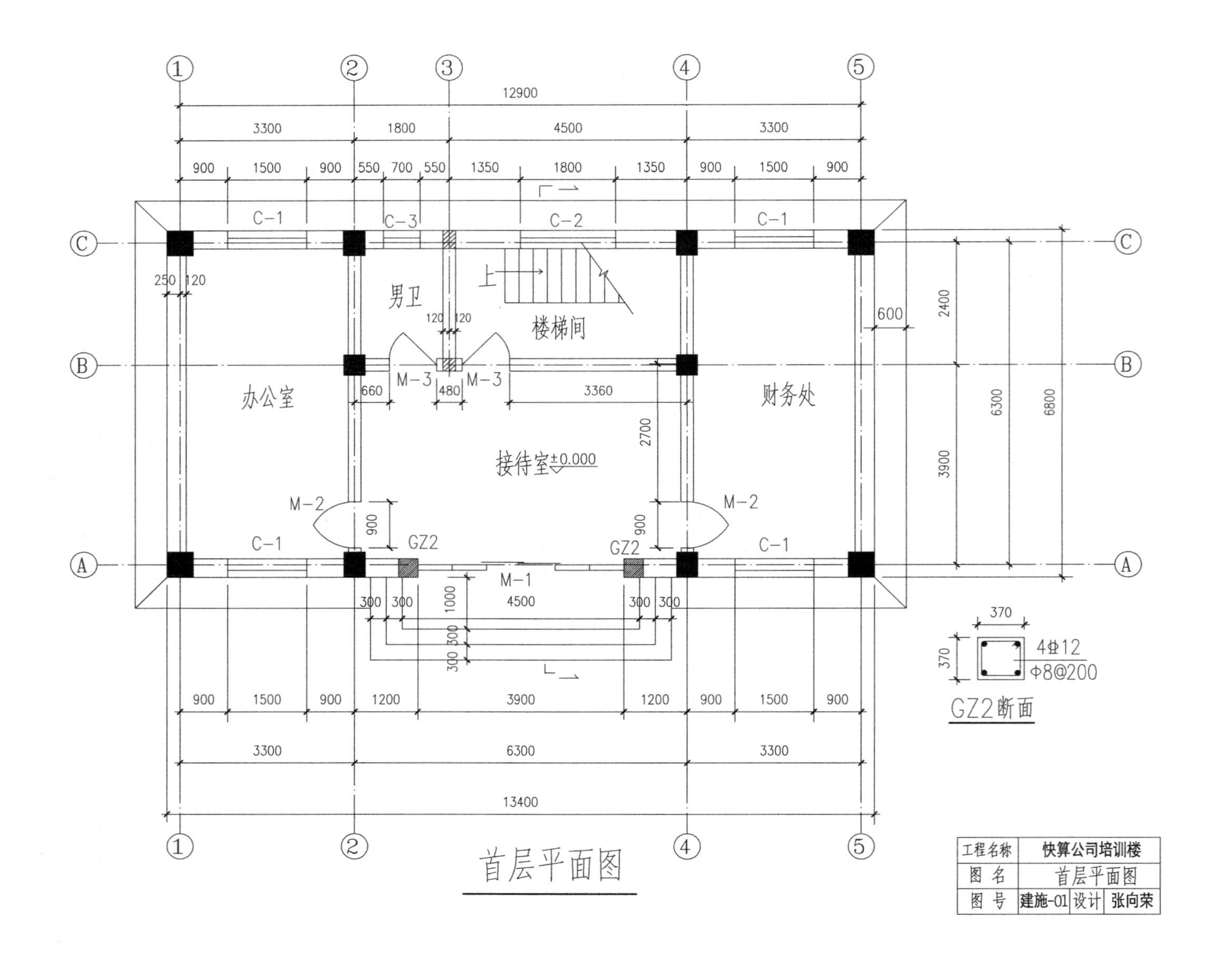
男卫
楼梯间
上
办公室
接待室±0.000
财务处
C-1
C-2
C-3
M-1
M-2
M-3
GZ2
4Φ12
Φ8@200
GZ2断面
首层平面图
工程名称 快算公司培训楼
图名 首层平面图
图号 建施-01 设计 张向荣

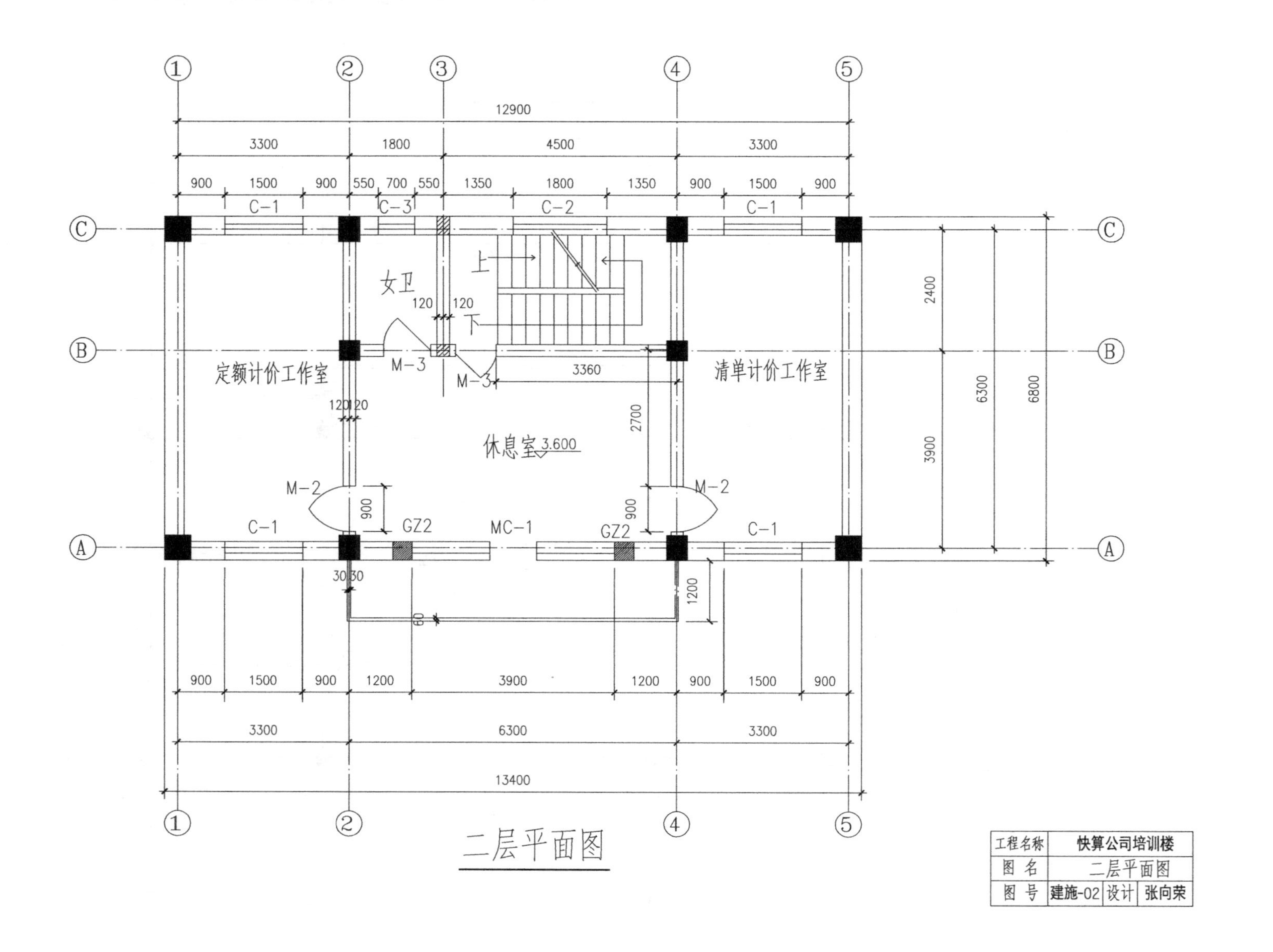
定额计价工作室
女卫
休息室 3.600
清单计价工作室
上
下
C-1
C-3
C-2
M-3
M-2
MC-1
GZ2
12900
3300
1800
4500
900
1500
550
700
1350
120
3360
2700
2400
3900
6300
6800
1200
30 30
60
13400
二层平面图
工程名称 快算公司培训楼
图名 二层平面图
图号 建施-02 设计 张向荣

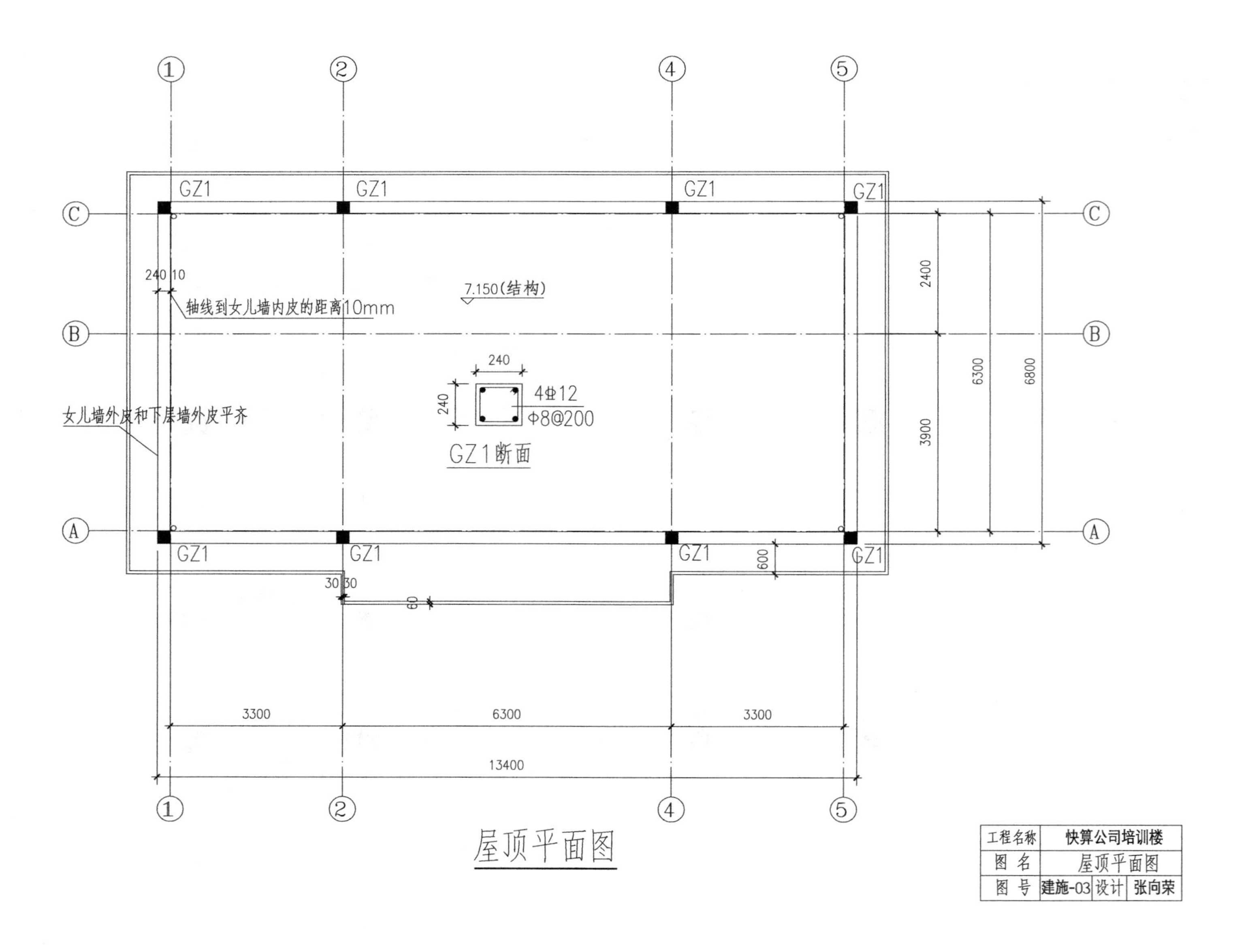

GZ1
7.150(结构)
240 10
轴线到女儿墙内皮的距离10mm
女儿墙外皮和下层墙外皮平齐
240
240
4Φ12
Φ8@200
GZ1断面
2400
3900
6300
6800
600
30 30
60
3300
6300
3300
13400
屋顶平面图
工程名称 快算公司培训楼
图名 屋顶平面图
图号 建施-03 设计 张向荣

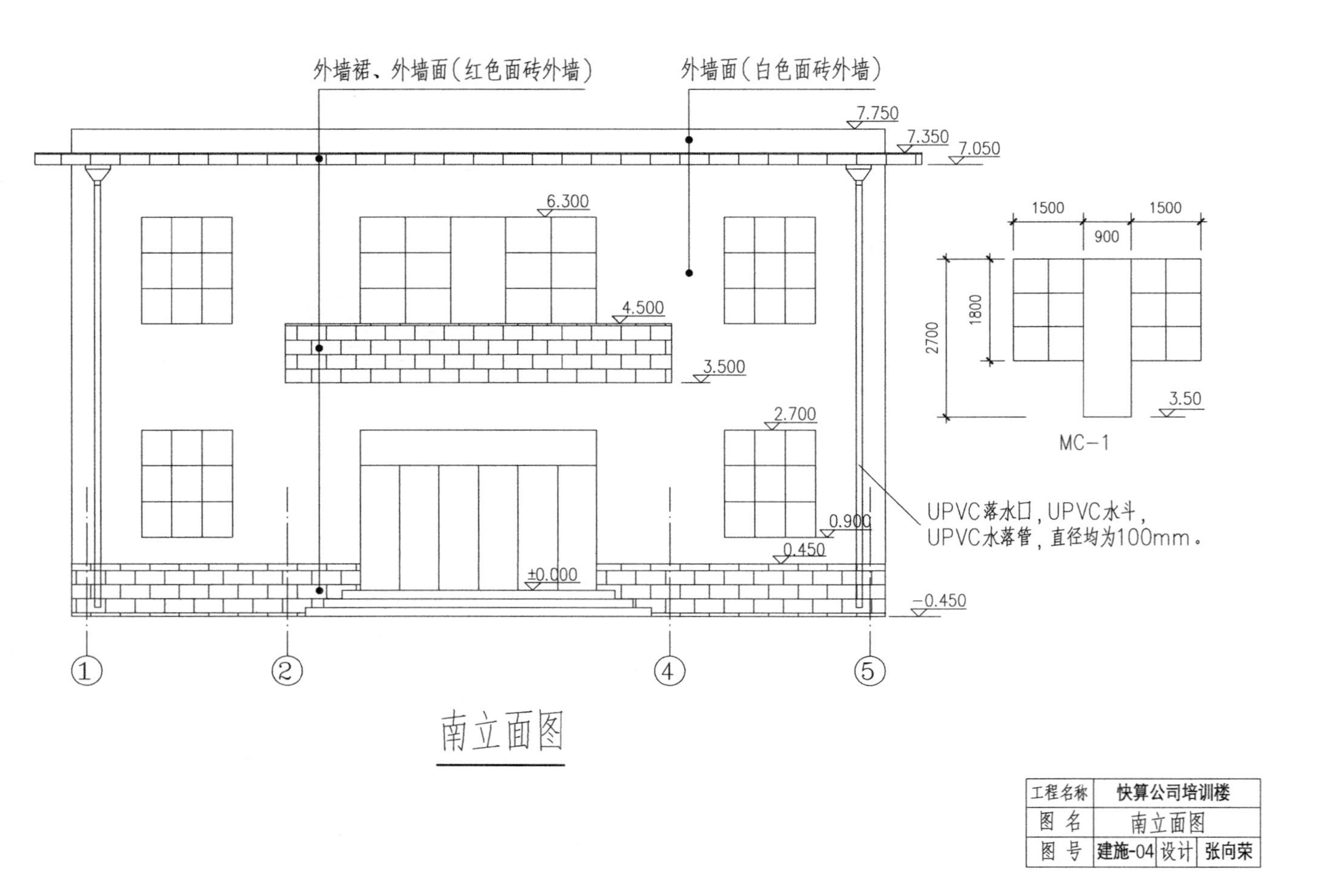

南立面图

工程名称	快算公司培训楼		
图 名	南立面图		
图 号	建施-04	设计	张向荣

工程名称	快算公司培训楼	
图　名	北立面图	
图　号	建施-05	设计　张向荣

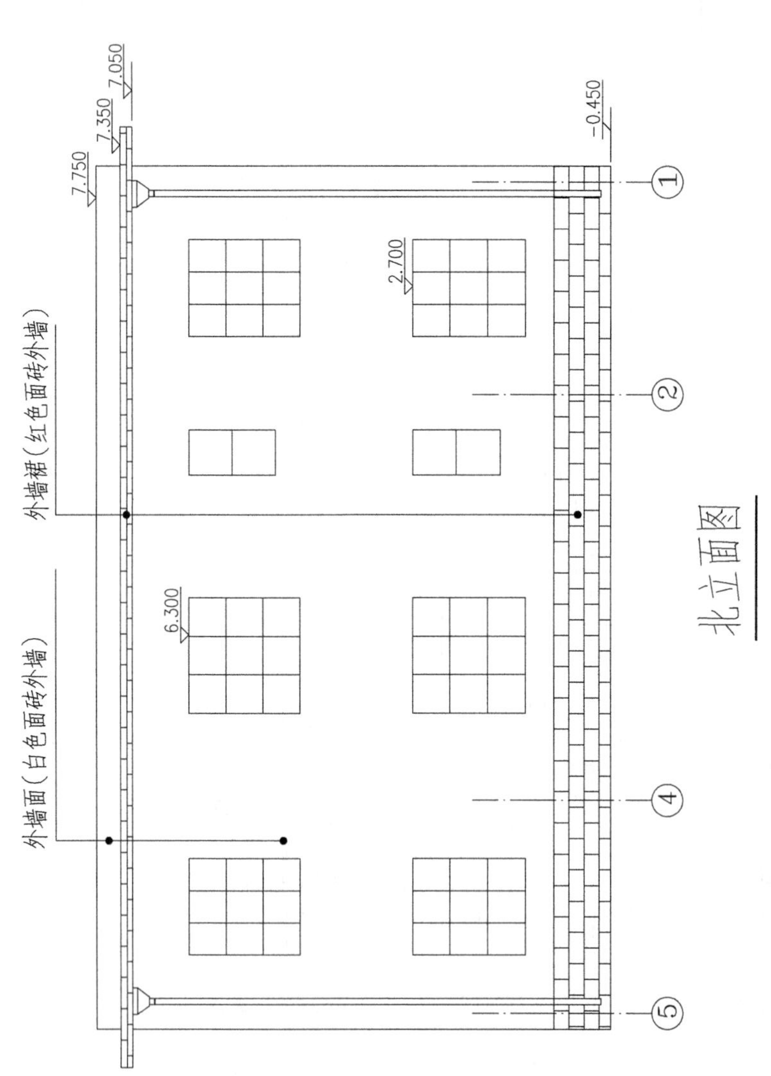

北立面图

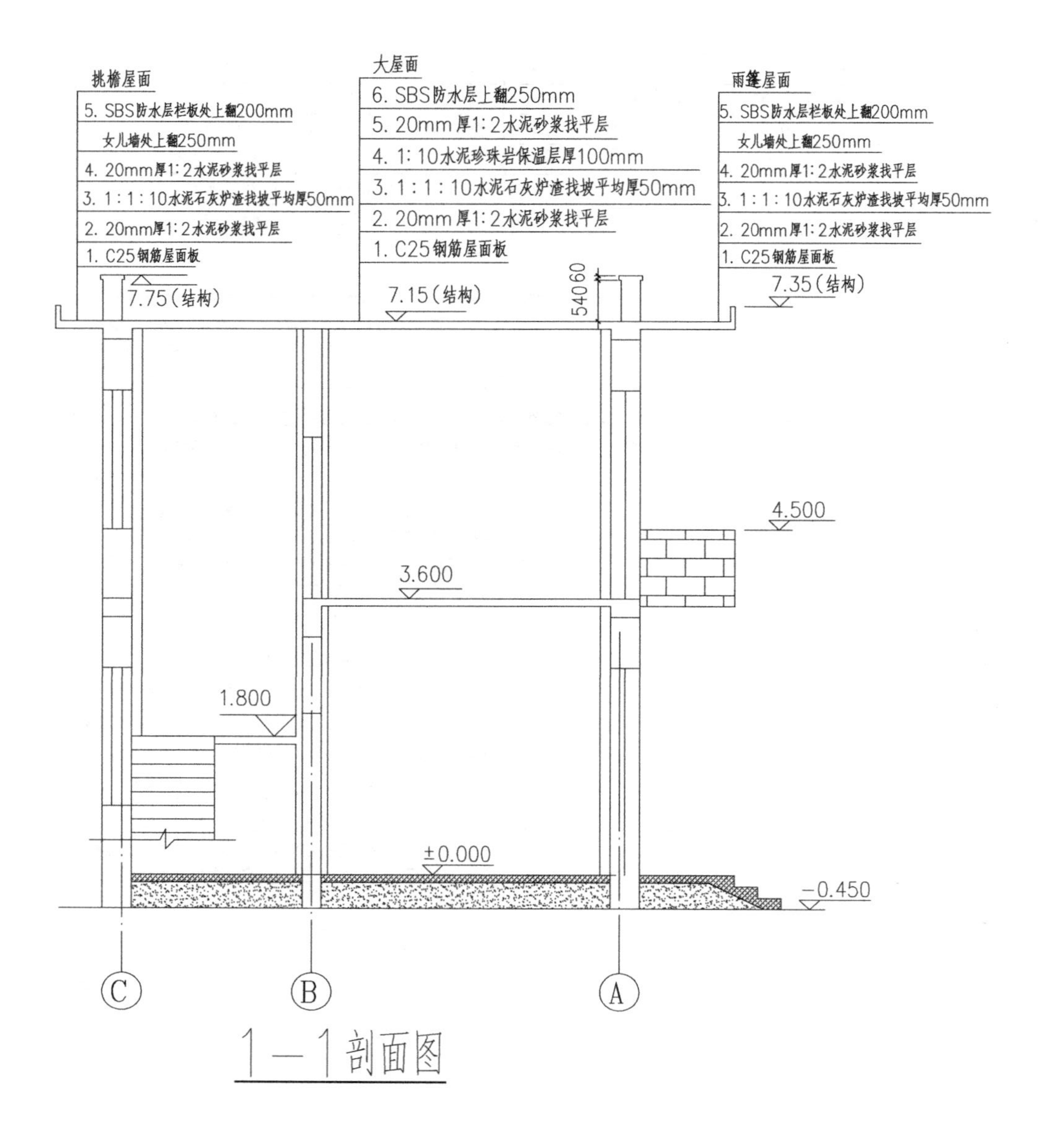

1—1剖面图

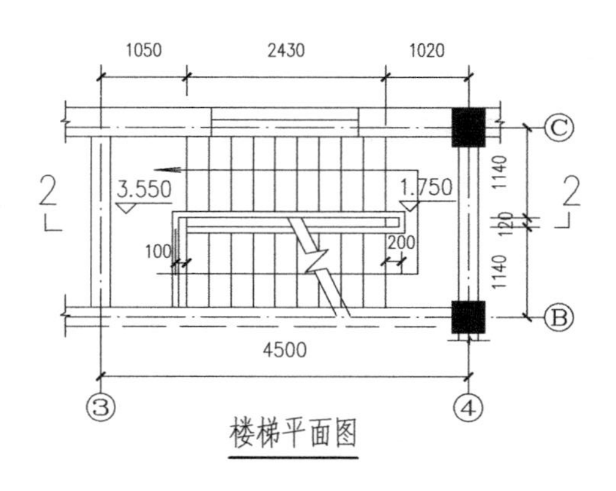

楼梯平面图

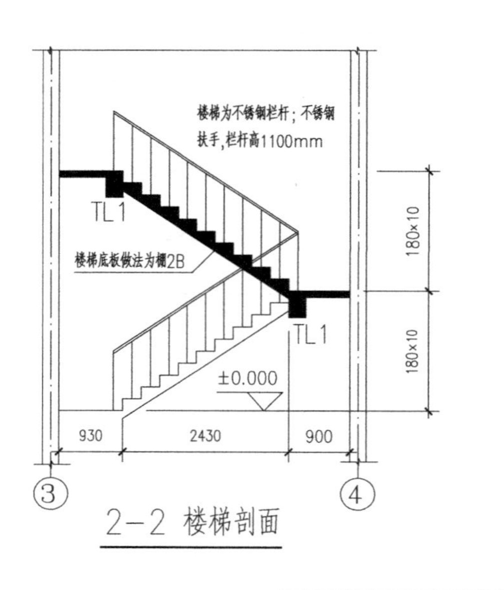

2—2 楼梯剖面

工程名称	快算公司培训楼		
图名	建筑剖面图及楼样图		
图号	建施-06	设计	张向荣

结构设计总说明

一、结构类型

框架结构，基础为梁板式筏板基础。

二、自然条件

1. 抗震设防烈度：8度。
2. 抗震等级：二级。

三、本工程设计所遵循的标准、规范、规程

1. 《建筑结构可靠度设计统一标准》（GB 50068—2008）
2. 《建筑结构荷载规范》（GB 50009—2012）
3. 《混凝土结构设计规范》（GB 50010—2010）
4. 《建筑抗震设计规范》（GB 50011—2010）
5. 《建筑地基基础设计规范》（GB 50007—2011）
6. 《混凝土结构施工图平面整体表示方法制图规则和构造详图》（16G101—1~3）

四、钢筋混凝土结构构造

1. 最外层钢筋的混凝土保护层厚度见下表，本工程环境类别为一类。

最外层钢筋的混凝土保护层厚度

环境类别	板、墙/mm	梁、柱/mm
一	15	20

注：1. 表中混凝土保护层厚度指最外层钢筋外边缘至混凝土表面的距离。
2. 构件中的受力钢筋的保护层厚度不应小于钢筋的公称直径。
3. 基础底面钢筋的保护层厚度，不应小于40mm。

2. 钢筋的接头形式及要求：

（1）纵向受力钢筋直径≥16mm的纵筋应采用等强机械连接接头，接头应50%错开；接头性能等级不低于Ⅱ级。

（2）当采用搭接时，搭接长度范围内应配置箍筋，箍筋间距不应大于搭接钢筋较小直径的5倍，且不应大于100mm。

3. 钢筋锚固长度和搭接长度见16G101－1图集57、58页。纵向钢筋当采用HPB300级时，端部另加弯钩。
4. 钢筋混凝土现浇楼（屋）面板：板内分布钢筋（包括楼梯板）为Φ8@200。
5. 钢筋混凝土楼（屋）面梁：主次梁相交(主梁不仅包括框架梁)时，主梁在次梁范围内仍应配置箍筋，图中未注明时，在次梁两侧各设3组箍筋，箍筋肢数、直径同主梁箍筋，间距50mm。

五、主要结构材料

1. 钢筋级别及符号

钢筋级别	HPB300	HRB400
符号	Φ	Ф

2. 混凝土强度等级

部位	混凝土强度等级
基础垫层	C15
地下部分主体结构筏板、基础梁、柱/地上主体结构柱	C30
一层~屋面主体结构梁、板、楼梯	C25
其余各结构构件构造柱、过梁、圈梁等	C20

六、填充墙

1. 墙体加筋：砖墙与框架柱及构造柱连接处应设拉接筋，需每隔500mm高度配2根Φ6拉接筋，并伸进墙内1000mm，伸入柱内180mm。
2. 填充墙构造柱设置应满足以下要求：墙端部、拐角、纵横墙交接处十字相交，均加设构造柱。直段墙构造柱间距不大于4m。女儿墙就按图纸设计要求，大于4m不再增加构造柱。构造柱截面配筋见下图。构造柱与墙连接处应砌成马牙槎。构造柱钢筋绑好后，先砌墙后浇构造柱混凝土，构造柱主筋应锚入上下层楼板或梁内，锚入长度为L_a。

填充墙构造柱配筋图

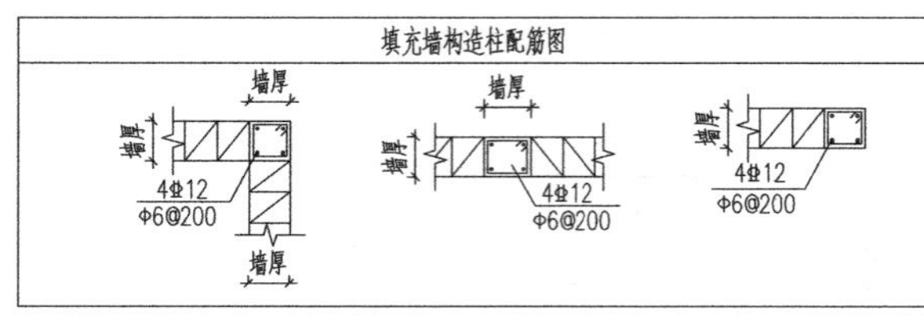

3. 过梁采用现浇混凝土过梁，过梁混凝土强度等级为C20，过梁截面尺寸及配筋见下。

过梁尺寸及配筋表

mm

门窗洞口宽度	b≤1200		1200<b≤2400		2400<b≤4000		4000<b≤5000	
过梁断面b×h	b×120		b×180		b×300		b×400	
墙厚 \ 配筋	①	②	①	②	①	②	①	②
b=90	2Ф10	2Ф14	2Ф12	2Ф16	2Ф14	2Ф18	2Ф16	2Ф20
90<b≤240	2Ф10	3Ф12	2Ф12	3Ф14	2Ф14	3Ф16	2Ф16	3Ф20
b>240	2Ф10	2Ф12	2Ф12	4Ф14	2Ф14	4Ф16	2Ф16	4Ф20

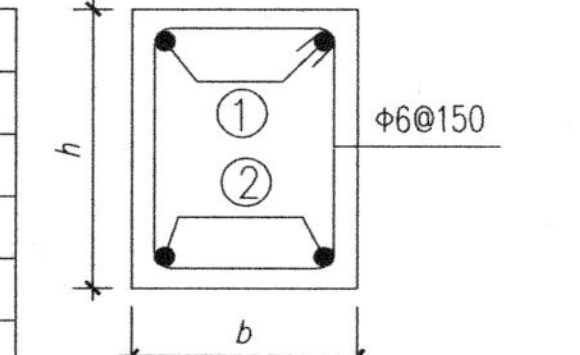

工程名称	快算公司培训楼		
图 名	结构总说明		
图 号	结总-01	设计	张向荣

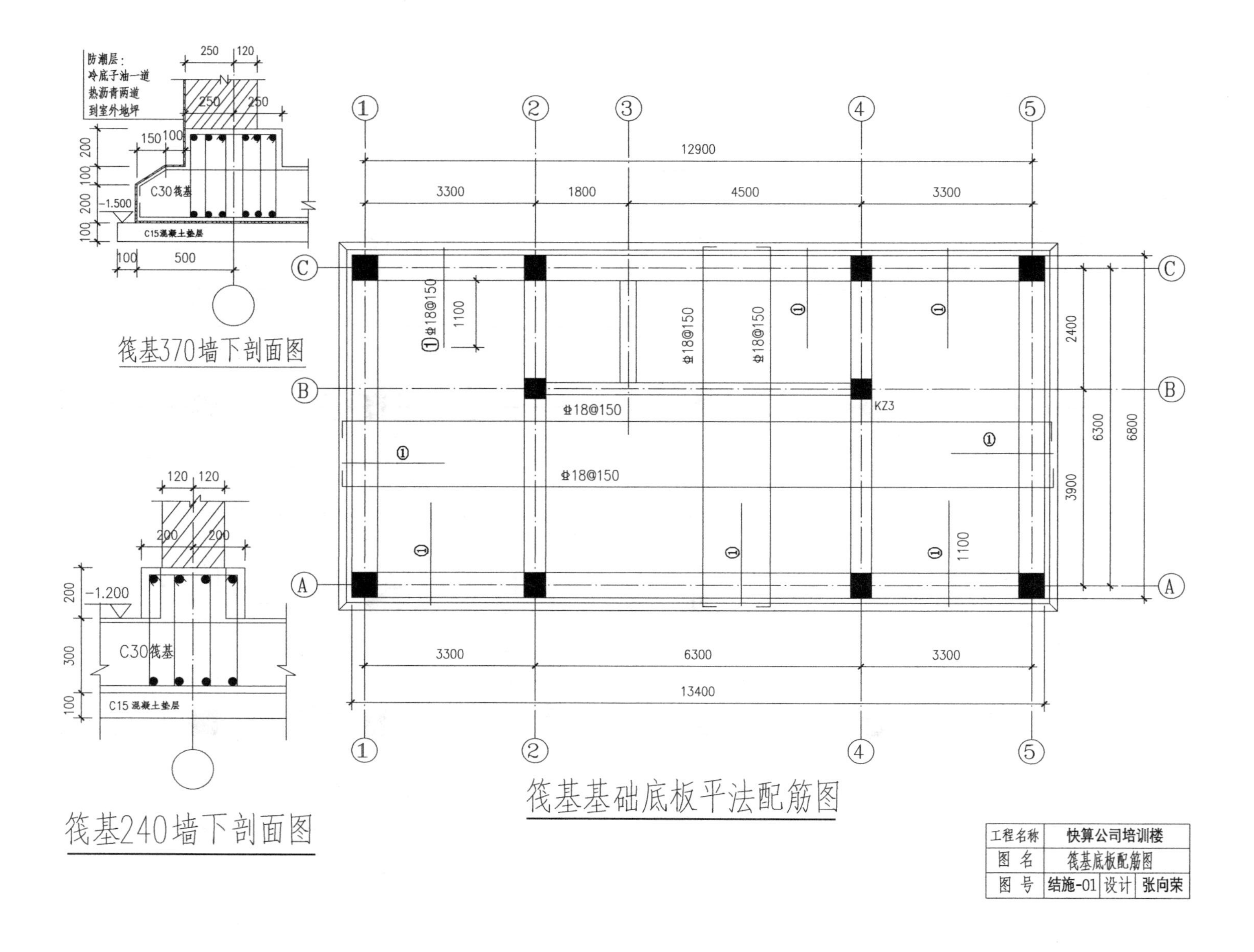
防潮层：
冷底子油一道
热沥青两道
到室外地坪
250
120
C30筏基
-1.500
C15混凝土垫层
100
500
筏基370墙下剖面图
120 120
200 200
-1.200
C30筏基
C15混凝土垫层
筏基240墙下剖面图
12900
3300
1800
4500
13400
6300
2400
3900
6800
1100
⌀18@150
KZ3
筏基基础底板平法配筋图
工程名称 快算公司培训楼
图名 筏基底板配筋图
图号 结施-01 设计 张向荣

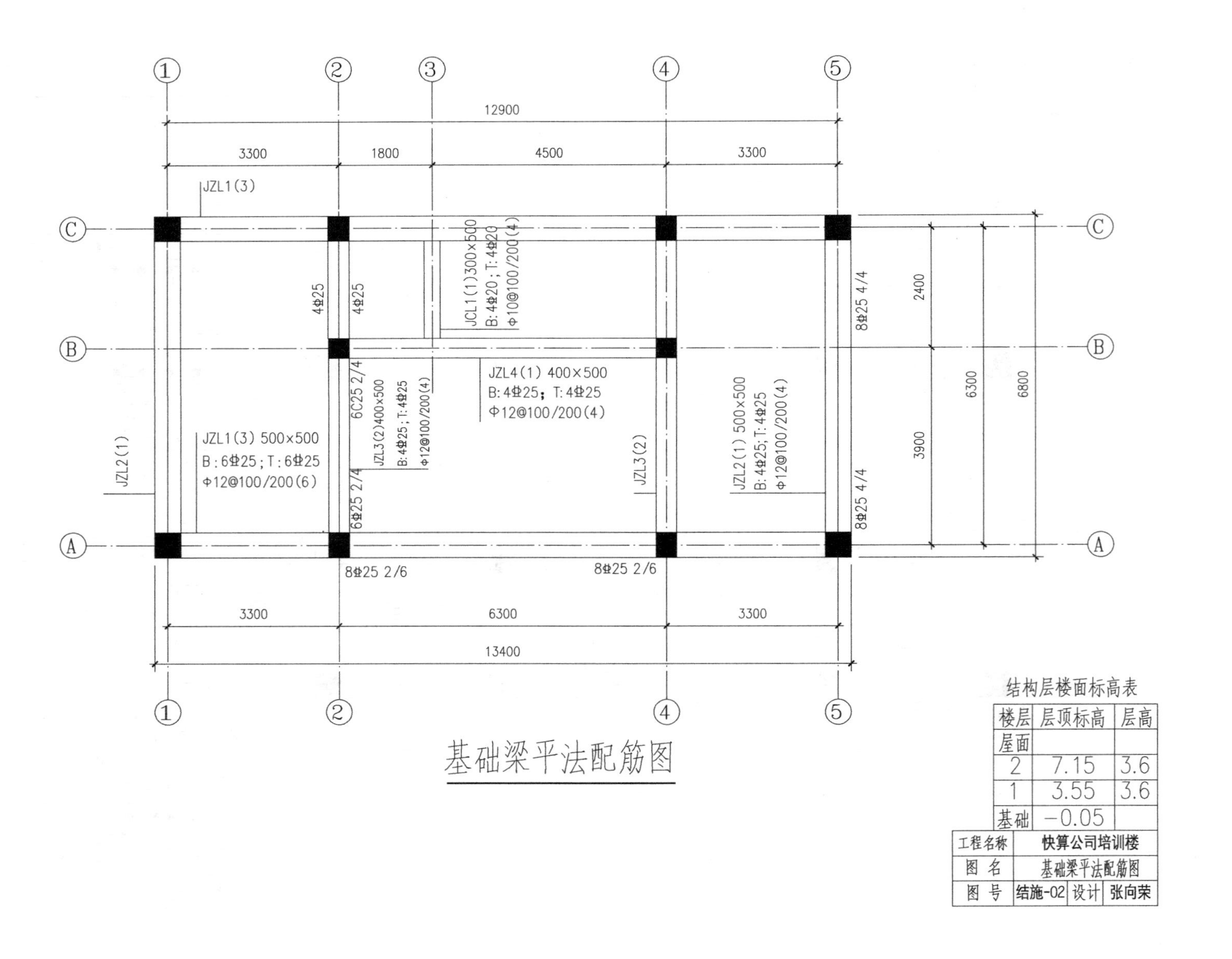

基础梁平法配筋图

结构层楼面标高表

楼层	层顶标高	层高
屋面		
2	7.15	3.6
1	3.55	3.6
基础	−0.05	

工程名称	快算公司培训楼		
图 名	基础梁平法配筋图		
图 号	结施-02	设计	张向荣

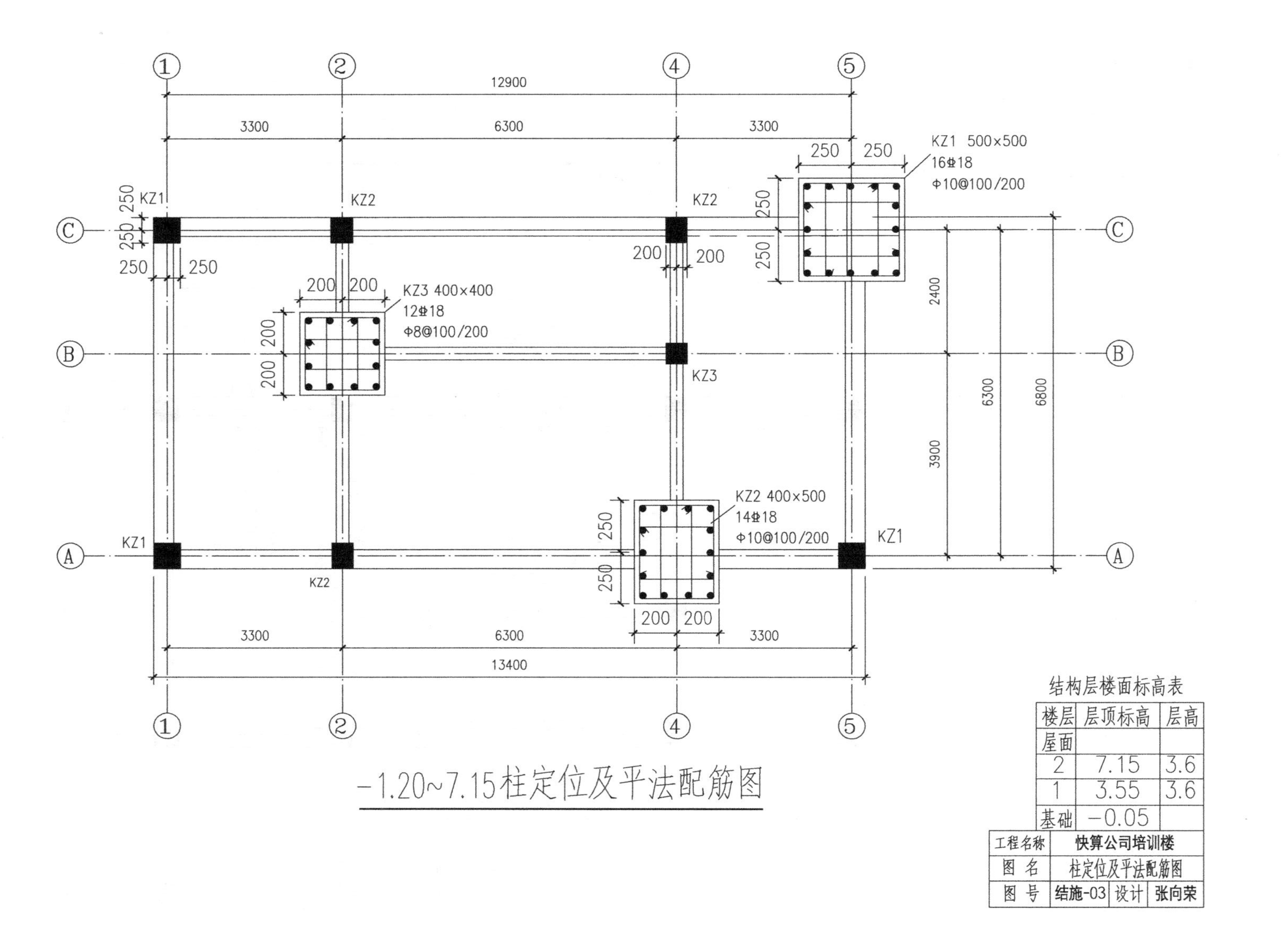

-1.20~7.15柱定位及平法配筋图

结构层楼面标高表

楼层	层顶标高	层高
屋面		
2	7.15	3.6
1	3.55	3.6
基础	-0.05	

工程名称	快算公司培训楼		
图名	柱定位及平法配筋图		
图号	结施-03	设计	张向荣

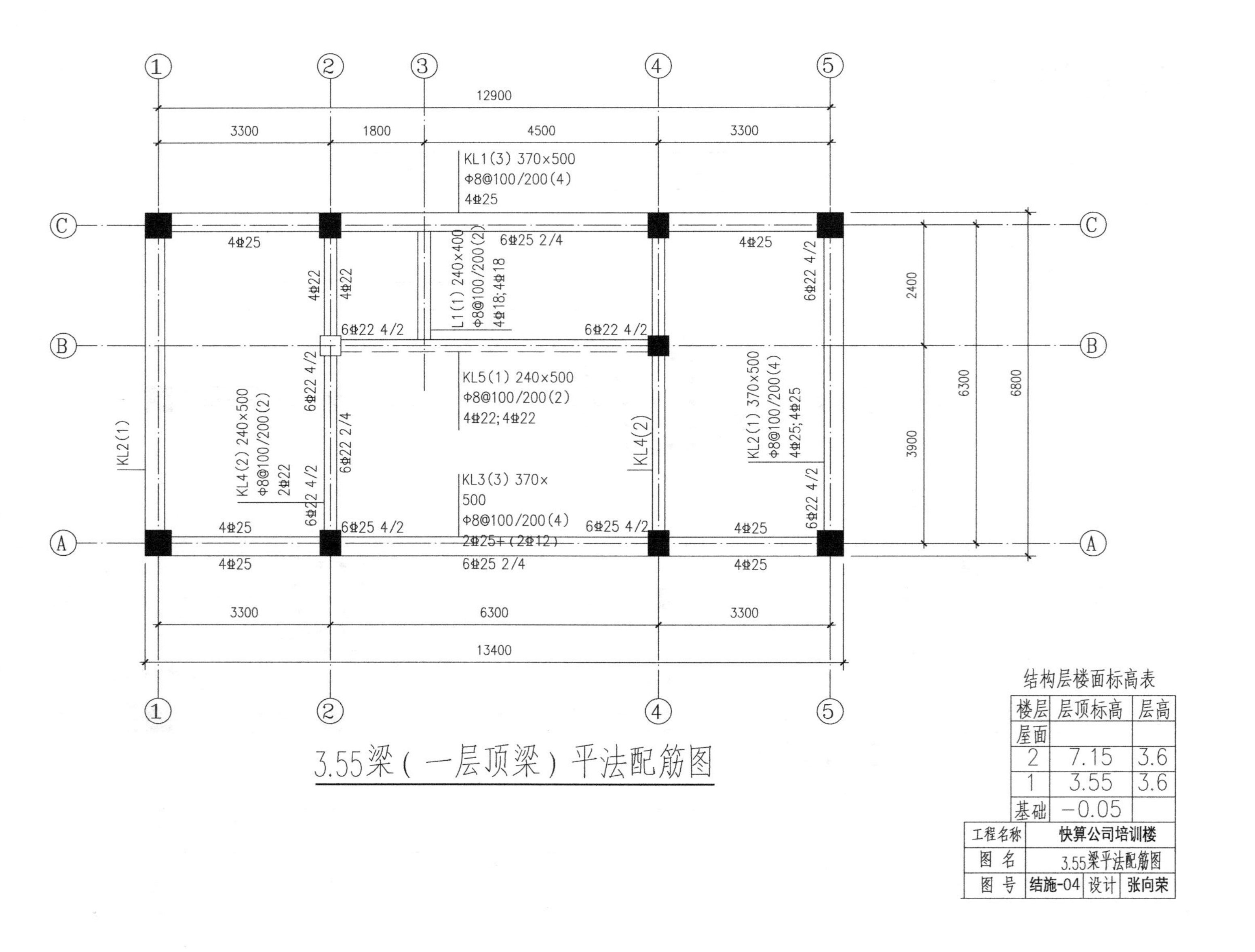

3.55梁（一层顶梁）平法配筋图

结构层楼面标高表

楼层	层顶标高	层高
屋面		
2	7.15	3.6
1	3.55	3.6
基础	−0.05	

工程名称	快算公司培训楼		
图 名	3.55梁平法配筋图		
图 号	结施-04	设计	张向荣

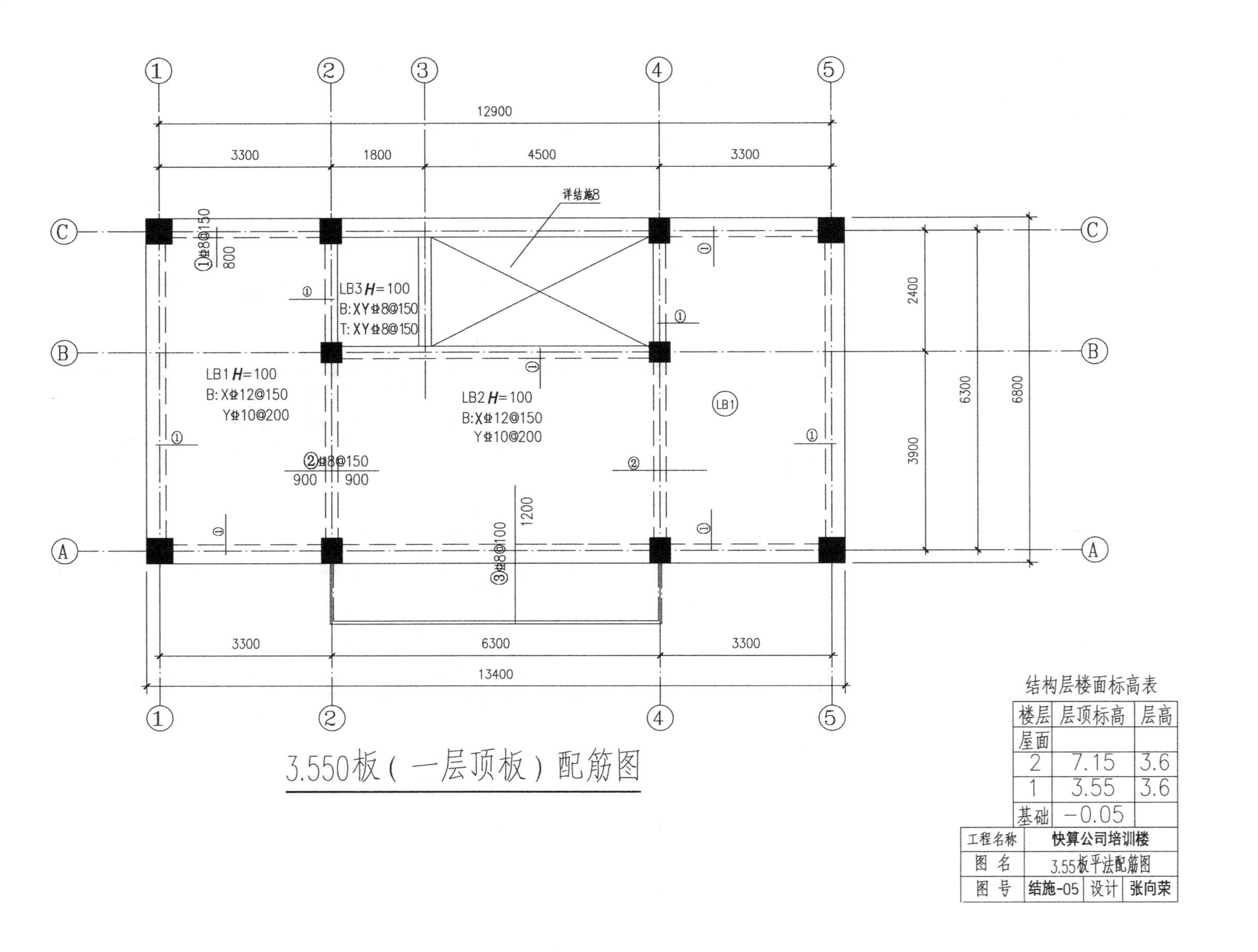

3.550板（一层顶板）配筋图

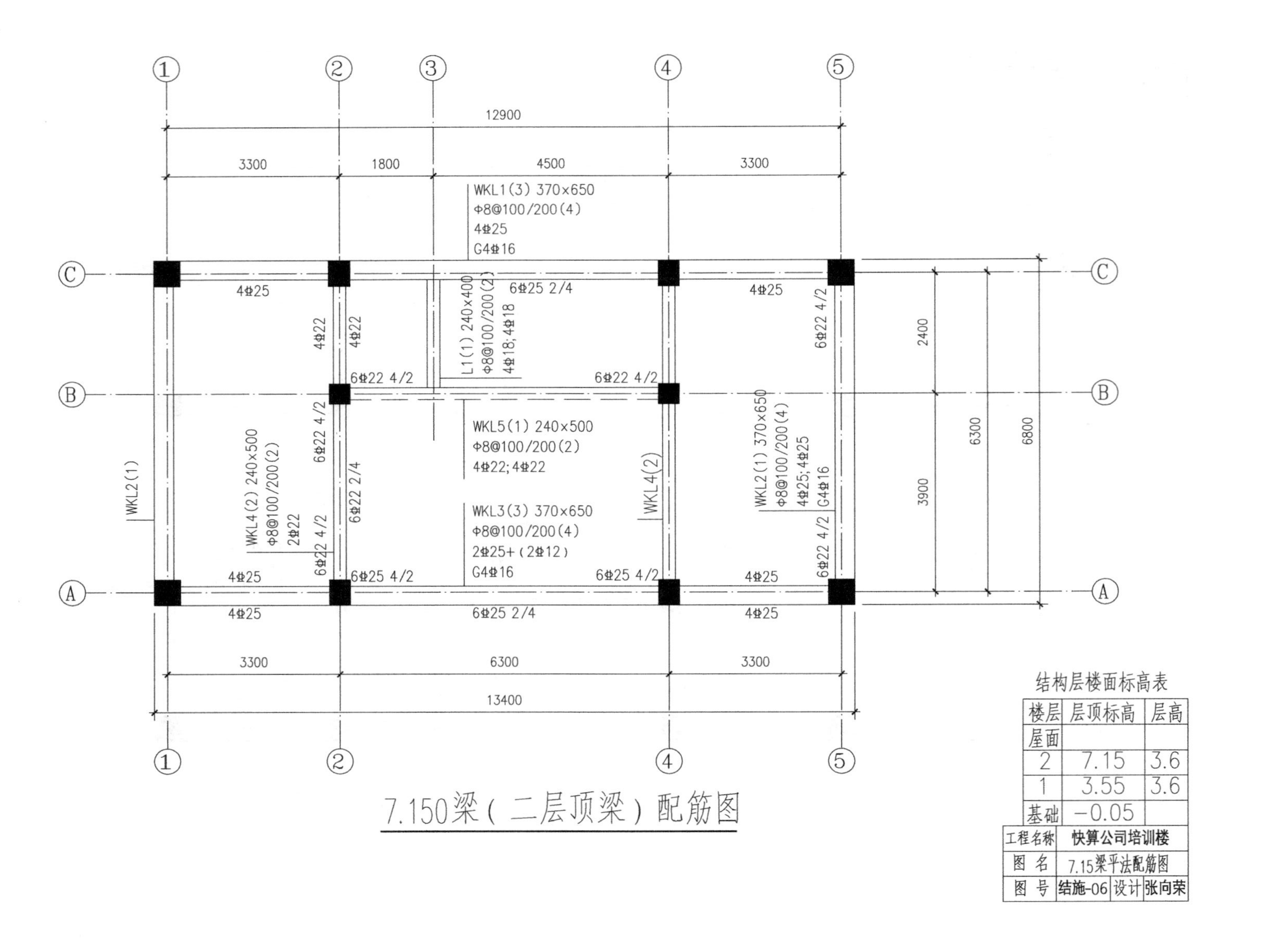

7.150梁（二层顶梁）配筋图

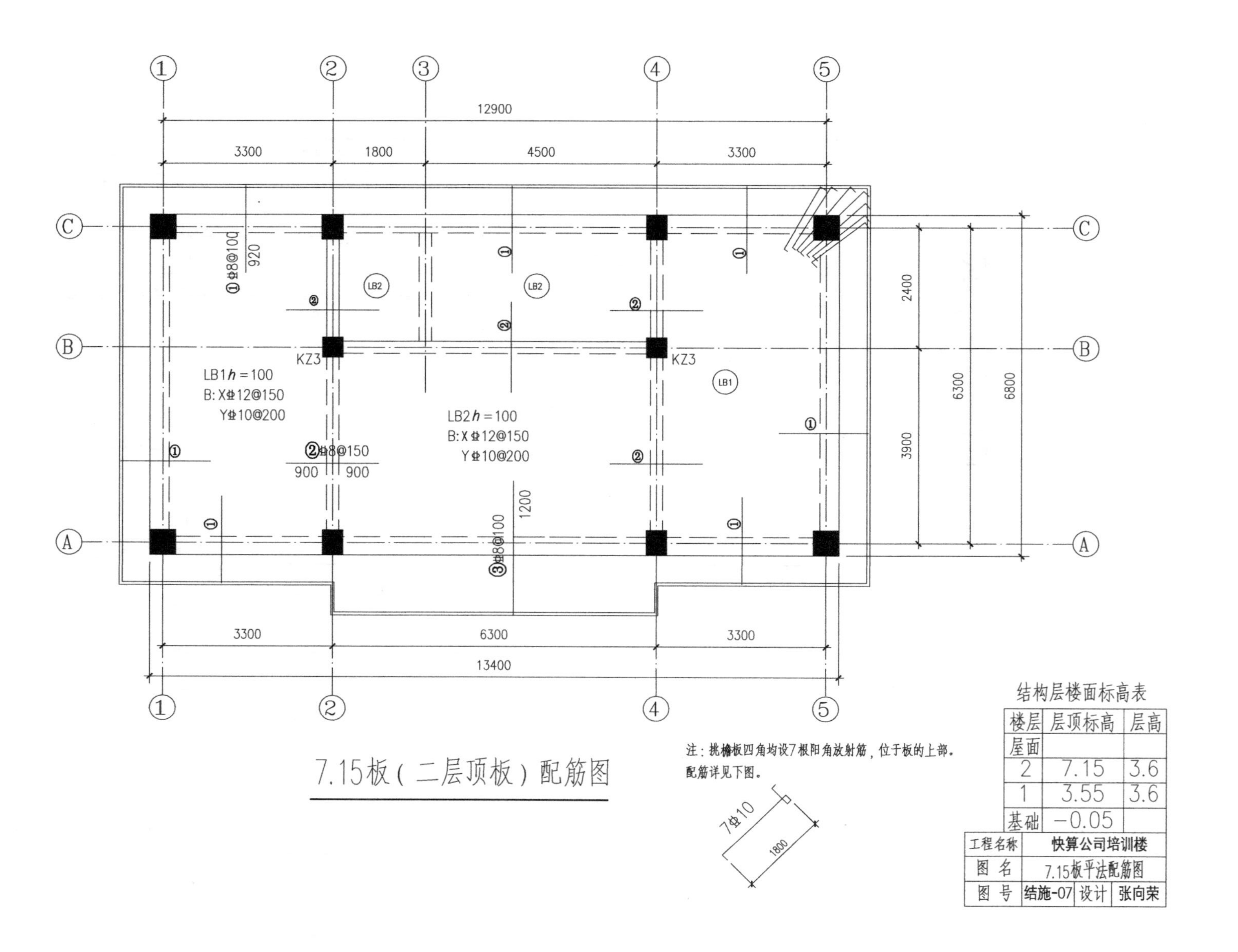

7.15板（二层顶板）配筋图

结构层楼面标高表

楼层	层顶标高	层高
屋面		
2	7.15	3.6
1	3.55	3.6
基础	−0.05	

工程名称	快算公司培训楼		
图 名	7.15板平法配筋图		
图 号	结施-07	设计	张向荣

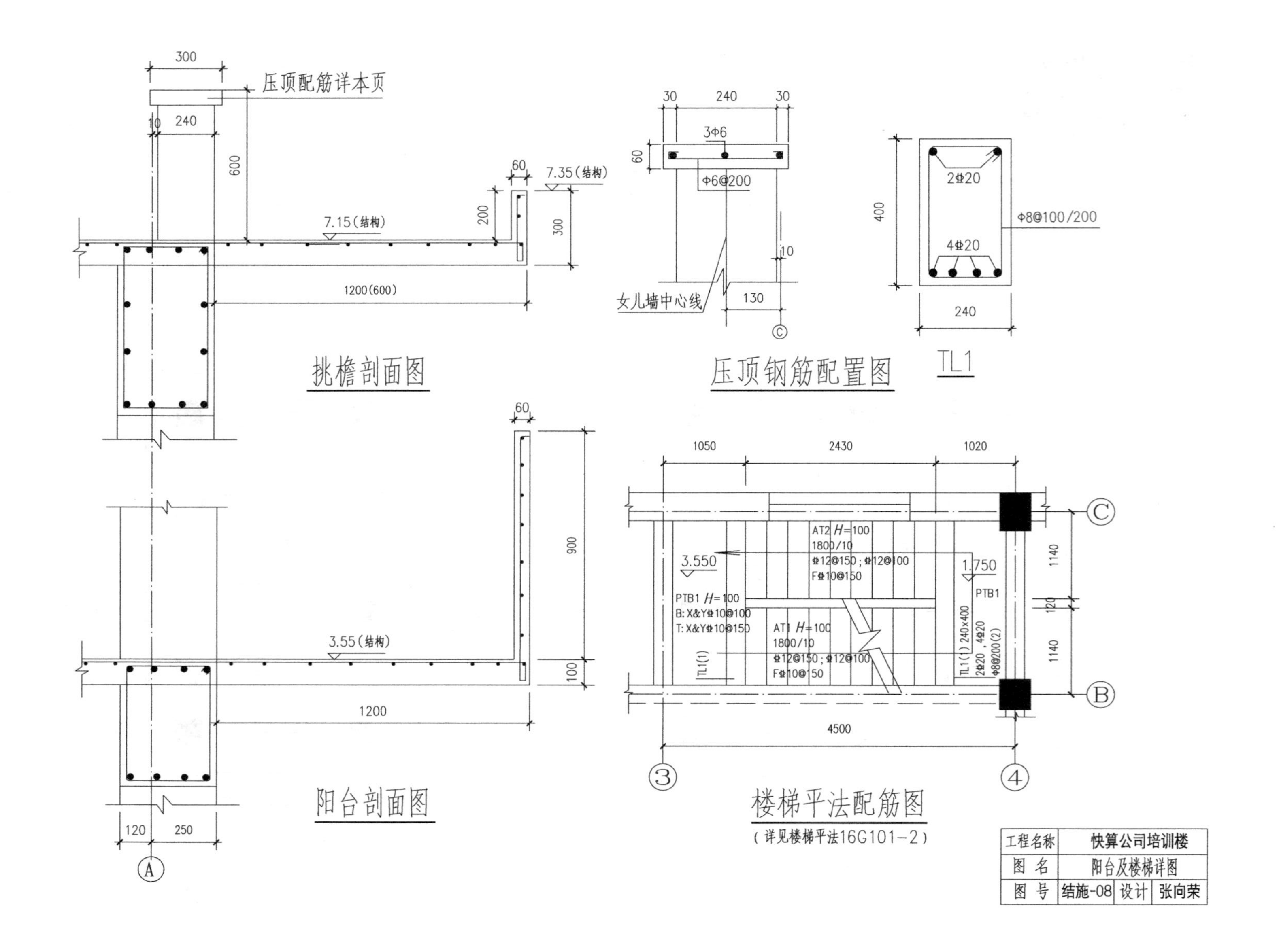
挑檐剖面图
压顶配筋详本页
300
240
10
600
60
7.35（结构）
7.15（结构）
200
300
1200(600)
压顶钢筋配置图
30
240
30
3Φ6
60
Φ6@200
10
女儿墙中心线
130
TL1
2Φ20
4Φ20
Φ8@100/200
400
240
阳台剖面图
60
900
100
3.55（结构）
1200
120
250
楼梯平法配筋图
（详见楼梯平法16G101-2）
1050
2430
1020
AT2 H=100
1800/10
Φ12@150；Φ12@100
FΦ10@150
3.550
1.750
PTB1
PTB1 H=100
B: X&YΦ10@100
T: X&YΦ10@150
AT1 H=100
1800/10
Φ12@150；Φ12@100
FΦ10@150
TL1(1)
TL1(1) 240×400
2Φ20，4Φ20
Φ8@200(2)
1140
120
1140
4500
工程名称 快算公司培训楼
图名 阳台及楼梯详图
图号 结施-08 设计 张向荣